KB167574

이 작은
손바닥 안의
무한함

이 작은 손바닥 안의 무한함

마카스 초운
김소정 옮김

경이로운 과학 이야기 50

현암사

이 작은 손바닥 안의 무한함

초판 1쇄 발행 2022년 6월 7일

지은이 마커스 초운
옮긴이 김소정
펴낸이 조미현

책임편집 박승기
디자인 정은영

펴낸곳 ㈜현암사
등록 1951년 12월 24일 · 제10-126호
주소 04029 서울시 마포구 동교로12안길 35
전화 02-365-5051
팩스 02-313-2729
전자우편 editor@hyeonamsa.com
홈페이지 www.hyeonamsa.com

ISBN 978-89-323-2225-4 03400

책값은 뒤표지에 있습니다. 잘못된 책은 바꾸어 드립니다.

앨리슨, 콜린, 로지, 팀, 오르넬라에게,
마커스가 사랑을 담아

차례

제3부
육지 이야기

제4부
태양계 이야기

제5부
본질 이야기

제6부
외계 이야기

제7부

우주 이야기

일러두기

- 각주는 옮긴이 주다.
- 책 제목은 『 』, 신문 · 잡지는 《 》, 글은 「 」, 기사 · 영화 · 웹사이트는 〈 〉로 표기했다.
- 본문에 등장하는 책 등이 국내에 소개되어 있는 경우 그 제목을 따랐다.
- 외래어 표기는 국립국어원 외래어 표기법을 따르되, 일반적으로 통용되는 경우일 때는 그에 따르기도 했다.

머리말

"진실이 되기에 지나치게 멋진 것은 없다."

마이클 패러데이

코미디언이 어떤 모임에 갔다고 하자. 모임에서 그 코미디언을 아는 지인이 다른 사람에게 그 사람의 직업이 코미디언이라고 소개하면, 코미디언은 상대방에게 웃기는 말을 해야 한다는 부담을 느낀다. 마찬가지로 과학 작가들도 참석한 모임에서 누군가 그 사람을 과학 작가라고 소개하면, 소개를 받은 사람에게 입이 떡 벌어지는 과학 이야기를 해야 한다는 부담을 느낀다. 그러니까, 내가 그렇다는 뜻이다. 가끔은 말이다.

그럴 때는 어떤 이야기를 해야 할까? 짧고도 간결한 이야기를 해야 한다. 사람들을 지루하게 만들 장황하고 따분한 이야기가 아니라, 밝게 웃게 할 충분히 흥미로운 이야기를 해야 하는 것이다.

그런 이야기를 찾으려고 나는 종종 아내를 상대로 실험을 해본다. 아내가 텔레비전을 볼 때 "360도 회전한 전자는 동일한 전자가 아니라는 거 알아?"와 같은 말을 꺼내는 것이다.

그럴 때면 아내는 "음."이라고 대답하지만, 텔레비전 화면에서 시선은 떼지 않는다.

"당신은 이 세상 모든 사람을 각설탕만 한 공간에 집어넣을 수 있을 것 같아?"

"응, 그럴 수 있을 것 같아. 이제, 텔레비전 좀 봐도 되지?"

나에게는 아내의 반응이 정말 중요하다.

내가 한 줄짜리 과학 농담을 찾는 이유는 또 있다. 대중 강연 때 활용하려는 것이다.

책이 나오면 여러 곳에서 저자 강연을 할 때가 많다. 문제는 45분 정도 되는 강연 시간에 책 내용을 모두 다룰 수는 없다는 것이다. 따라서 강연은 몇 가지 흥미로운 사실을 가지고 청중의 관심을 끌고 책에 실은 과학 정보를 몇 가지 전달하는 방식으로 진행된다.

이런 방식은 『만물과학』을 출간한 뒤부터 활용해왔다. 『만물과학』은 이 세상 모든 것을 다루겠다는 의도로 집필한 책이었지만, 당연히 그 목표는 실패할 수밖에 없었다. 그래도 금융, 열역학, 홀로그램, 사람의 진화, 성, 외계 지적 생명체를 찾으려는 노력에 이르기까지, 이 세상에 존재하는 모든 주제를 다루기는 했다. 그렇다면, 어떤 이야기를 강연에서 들려주고, 어떤 이야기를 독자가 직접 책으로 읽을 수 있도록 남겨두어야 할까? 그런 고민 끝에 떠오른 생각이 '이 세상에 관한 열 가지 최고로 미친 생각을 말해주자!'였다.

내가 선별해 가는 최고로 미친 생각 열 가지의 가장 큰 장점은 얼마든지 주제를 바꿀 수 있다는 것이다. 한 가지 미친 생각을 풀어놓고 있을 때 청중이 지루해한다는 사실을 깨달으면, 곧바로 그 이야기를 버리고 이번에는 조금 더 흥미를 느껴주기를 바라면서 다른 이야기를 해나갈 수 있다. 강연은 어느 정도는 스탠딩 코미디와 비슷하다. 준비해 간 농담이 재미가 없으면, 그 농담은 폐기하고 다음 무대에서는 다른 농담을 해야 한다는 점에서 말이다.

이런 강연 방식은 다른 주제를 다룰 때도 효과적이다. 『태양계의 모든 것』의 내용을 바탕으로 '아이패드를 위한 태양계Solar System for iPad' 앱을 개발한 뒤에도, 개발자와의 만남을 진행할 때 '태양계에 관한 열 가지 최고로 미친 생각'을 활용했다.

그리고 그 열 가지 미친 생각이 결국 이 책을 쓰게 했다. 수년 동안 내가 발견한 놀라운 과학 사실들을, 즉, 내가 책과 기사에 썼거나 쓰지 못했던 이야기들을 한데 묶어 생각거리를 제공하는 방식으로 활용하지 않을 이유가 없다는 생각이, 그리고 훨씬 심오한 과학을 설명하는 방식으로 활용하지 못할 이유가 전혀 없다는 생각이 들었기 때문이다.

예를 들어, 이 세상에 있는 모든 사람을 세게 눌러 몸에서 빈 곳이 사라지게 압축하면 모든 인류를 각설탕 한 개 부피만한 공간에 집어넣을 수 있다는 사실은 물질이 실제로는 텅 비어 있음을 말해준다. 그러니까 나도, 당신도, 그리고 다른 모든 사람도 사실은 유령과 거의 다를 바 없는 존재임을 알려주는 것이다. 이 같은 사실은 물리학의 역사상 가장 성공적이면서도 가장 기이한 이론인 양자 이론으로 자연스럽게 이어진다. 궁극적으로 양자 이론은 원자를 압도적인 무無라고 여겨도 좋을 이유를 설명한다. 태양이 바나나로 이루어져 있어도 지금과 같이 뜨거웠으리라는 사실은 태양의 온도는 태양이 에너지를 생산할 때 사용하는 재료와는 전혀 상관이 없다는 뜻이다. 그리고 우주를 구성하는 성분 가운데 97.5퍼센트는 보이지 않는다는 사실은, 지난 350년 동안 과학자들은 우주의 미량 구성 성분만을 연구해왔다는 엄청난—그리고 아주 당혹스러운—사실을 드러낸다. 그보다 더 심각한 사실은, 우리가 우주의 다량 성분에 대해서는 아는 것이 거의 없다는 점이다.

오래전에 나는 런던의 도체스터 호텔에서 미국 행성 과학자이자 유명한 과학 저술가인 칼 세이건Carl Sagan을 만났다(세이건의 스위트룸은 하이드파크와 서펜타인 호수가 내려다보이는 환상적인 풍경을 자랑했다). 『코스믹 커넥션』 같은 비문학 책을 집필한 뒤에 그는 첫 번째 소설 『콘택트』를 발표했다. 『콘택트』는 훗날 조디 포스터 주연의 영화로 제작됐다. 나는 세이건에게 물었다. 과학과 과학 소설 가운데 무엇을 더 좋아하느냐고. 세이건은 한 치의 망설임도 없이 '과학'이라고 대답했다. "과학이 과학 소설보다 훨씬 이상하기 때문입니다." 세이건은 그렇게 말했는데, 정말 그렇다. 우주는 우리 인류가 발명할 수 있는 그 무엇보다도 훨씬 이상하다. 이제부터 독자들이 읽어나갈 글들이 우주의 기이함을—그리고 경이로움을—알게 해주는 좋은 기회가 되기를 바란다.

나는 정말로 이 책을 즐기며 썼다. 독자들도 즐기면서 읽어주면 좋겠다. 그리고 사교 모임에서 사람들에게 이야기해 줄 수 있는 우주에 관한 놀라운 사실을 몇 가지 정도는 알게 되기를 바란다.

2018년 런던에서, 마커스 초운

제 1 부

생물학 이야기

1

공통점

당신의 3분의 1은 버섯이다

"그 생각을 못하다니, 이 얼마나 터무니없는 바보인가!"
찰스 다윈의 자연선택설을 듣고 토머스 헉슬리가 한 말.

당신의 3분의 1은 버섯이다. 정말이다. 당신과 나, 그리고 우리의 DNA는 3분의 1이 균류와 동일하다(아직 내가 크리스마스 카드를 보낼 곳이 많이 남았다는 듯이 말이다). 사람과 버섯에게는—그리고 오늘날 지구를 함께 공유하는 모든 생명체에게는—공동 조상이 있다는 강력한 증거가 있다. 그 같은 사실을 가장 먼저 깨달은 사람은 영국의 자연사학자 찰스 다윈이다.

1831년, 스물두 살밖에 되지 않았던 다윈은 비글호 담당 자연사학자가 되었다. 5년 동안 비글호를 타고 세계를 돌아다니며 다윈은 동물학계에 길이 남을 놀라운 발견을 여럿 했다. 예를 들어, 남아메리카대륙에서 서쪽으로 1000킬로미터 떨어진 갈라파고스제도에서 서식하는 동식물은 남아메리카대륙에서 서식하는 동식물의 변종으로, 크기가 훨씬 작다는 사실을 발견했다. 그뿐 아니라 갈라파고스제도에서도 섬마다 서식하는 종이 조금씩 다르다는 사실도 발견했다. 그런 발견 가운데 가장

최적화된 도구: 다윈 그림. 갈라파고스제도에서 작용한 자연선택 때문에 각 섬의 핀치들은 자기 서식지에서 구할 수 있는 견과를 깨는 데 완벽하게 적합한 부리를 갖게 됐다.

유명한 것이 핀치의 부리이다. 커다란 견과류가 많은 섬에 사는 핀치는 그런 견과류가 없는 섬에 사는 핀치보다 뭉툭하고 짤막한 부리를 가지고 있다.

18개월 동안 고민하고 또 고민한 다윈의 마음속으로 마침내 한 줄기 빛이 비췄다. 그는 생물이 자신이 처한 환경에 완벽하게 적응하는 이유를 깨달았다. 그것은 그 시대 사람들이 널리 믿고 있던 것처럼 조물주가 그렇게 '설계했기' 때문이 아니었다. 마치 누군가 '설계한 것 같은 환상'을 불러일으키는 완벽한 자연의 메커니즘이 작동하기 때문이었다.

다윈의 설명에 따르면 생물은 대부분 주변에서 구할 수 있는 먹이의 양보다 더 많은 자손을 낳기 때문에 많은 자손이 굶어 죽을 수밖에 없다. 생존 투쟁을 벌이는 동안 주변 환경에서 자원을 적절하게 차지하고 이용하는 개체는 살아남고, 그렇지 못한 개체는 죽는다. 엄청난 수가 생존 경쟁에서 살아남지 못하고 죽는다. 자연선택에 의한 이런 진화 과정을 겪는 동안 생물은 세대를 거듭할수록 점진적으로 변하며 환경에 조금 더 적합한 형태로 바뀐다.

다윈은 수백만 년 전에 갈라파고스제도가 화산 폭발로 태평양 위로 솟구쳐 올랐고, 많지 않은 생물이—새는 날아서, 다른 동물들은 갈라파고스제도로 흘러온 식물을 타고서—남아메리카대륙을 떠나 갈라파고스제도로 건너왔다고 추론했다. 거의 텅 비어 있는 것과 마찬가지였던 갈라파고스제도의 생태계에 도착한 생물들은 비어 있던 거의 모든 생태적 지위ecological niche를 재빨리 채우며 개체 수를 늘려나갔다. 각 섬에 고립된 핀치들은 각 섬이 부여하는 각기 다른 자연선택의 압력을 받아야 했다. 이 압력을 이기지 못해 환경에 제대로 적응하지 못하는 개체는 도태되었고, 이 압력을 훌륭하게 극복하고 환경에 제대로 적응한 개체는 살아남아 번성했다. 큰 견과류가 있는 섬에서는 견과류 껍데기를 깨뜨릴 수 있을 정도로 튼튼하고 뭉툭한 부리를 가진 개체가 살아남은 것이다.

다윈은 두 가지 중요한 사실을 알지 못했으면서도 용감하게도 자연선택에 의한 진화라는 이론을 발표했다. 그는 생물의 특성이 세대에서 세대로 전해지는 방법을 알지 못했고, 자손이 변이를 일으키는 이유, 즉 자연선택이 작동하는 데 필요한 원료를 알지 못했다. 지금 우리는 이 두 가지 사실이 밀접한 관련이 있음을 알고 있다. 유기체를 만드는 설계도는 DNA(디옥시리보핵산)에 들어 있다. DNA는 모든 세포에 들어 있는 커다란 생체 분자이다.[1,2] 세포가 분열하려고 DNA를 복사하는 동안 변화가 생기면 자손은 부모 세대와는 다른 새로운 특성을 갖게 된다. 미국 생물학자 루이스 토머스Lewis Thomas는 "사소한 실수를 할 수 있는 능력이 있다는 것이야말로 DNA가 가진 경이로움이다. 이 특별한 능력이 없었다면 우리는 여전히 혐기성 박테리아였을 테고, 이 세상에는 음악도 존재하지 않았을 것이다."라고 했다.

다윈은 현재 지구에 존재하는 모든 생물은 자연선택을 통해 단순했던 공동 조상에게서 진화해왔다고 했다. 바로 그것이 버섯과 우리가 DNA를 3분의 1이나 공유하고 있는 이유이다. 실제로 우리 몸을 이루는 100조 개 세포뿐 아니라 지구에 존재하는 모든 생물의 세포에는 다음과 같은 염기서열이 있다.

'GTGCCAGCAGCCGCGGTAATTCCAGCTCCAATAGCGTATATTAAAGTTGCTGCAGTTAAAAAG'[3]

다윈이 주장한 것처럼 지구의 모든 생물은 연결되어 있고, 공동 조상에서 진화해왔다는 사실을 이보다 더 분명하게 보여주는 증거가 있을까? 토머스는 "현재 지구에 존재하는 모든 세포에 들어 있는 DNA는 그저 지구에 처음 나타난 DNA를 증축

하고 정교하게 다듬은 것이다."라고 했다.[4]

다윈은 자연선택에 의한 진화는 아주 느리게 진행되기 때문에 지금처럼 다양한 생물로 진화하는 데는 수십억 년은 아니라고 해도 수억 년은 걸린다는 사실을 알고 있었다. 지구에 생명체가 존재했다는 잠정적인 증거는 38억 년 전쯤의 지구에서 찾았다. '마지막 보편 공동 조상last universal common ancestor'인 루카LUCA라고 부르는 최초의 단세포 생물은 지구라는 행성이 태어나고 5억 년 정도밖에 흐르지 않은 40억 년 전쯤에 처음 나타났다. 루카가 나타날 수 있었던 이유, 무생물이 생물이 되는 과정이 어떤 식으로 진행되었는지는 과학이 풀어야 하는 커다란 과제이다.

잡을 수 있으면 잡아봐

성性이 13개인 점균도 있다

"맞다. 내 성욕은 어마어마하다.
내 남자친구는 40마일 떨어진 곳에서 산다."

필리스 딜러, 미국 배우

성이 열세 개나 되는 점균slime mould들이 있다(그러니 적절한 배우자를 찾고 그 관계를 유지하기가 쉽지는 않을 것이다). 사람의 생식 세포는 크기가 아주 다른 난자와 정자로 이루어져 있지만, 이들 점균의 생식 세포는 모두 크기가 같다. 이 생식 세포의 성을 결정하는 것은 MatA, MatB, MatC라고 알려진 세 유전자와 이 유전자들의 다양한 변이이다. 이 성 유전자들은 변이가 아주 많아서 실제로는 500개가 넘는 성을 만들 수 있다. 점균이 번식하려면 그저 자신과는 다른 성 유전자를 가진 개체를 찾아 결합하기만 하면 된다.[1]

어째서 성이 13개나 되는 점균이 있는지, 많은 경우 500개나 되는 성이 있는 점균이 있는지, 그 이유를 아는 사람은 없다. 그와 마찬가지로 우리 사람의 성이 두 개인 이유를 아는 사람도 없다. 무엇보다도 도대체 성이 왜 존재하는지를 아는 사람도 없다.

자신의 유전자를 다음 세대에 전달하는 것, 진화에서는 그것이 가장 중요하다.[2] 유전자의 일부만이 아니라 전체 유전자를 전하는 것 말이다. 이 일을 해낼 수 있는 가장 확실한 방법은 자신의 클론(복제품)을 만드는 것이다. 클론을 만들면 유전자를 100퍼센트 자손에게 물려줄 수 있다. 실제로도 지구 생명체들은 거의 대부분 클론을 만드는 무성생식으로 번식한다. 성이 분화된 유성생식을 하는 유기체는 자기 유전자의 50퍼센트만을 다음 세대에 물려줄 수 있다. 이는 유성생식을 하는 유기체가 무성생식을 하는 유기체만큼 유전자를 자손에게 물려주려면 두 배 더 많은 자손을 낳아야 할 뿐 아니라 배우자를 찾는 데도 에너지를 소비해야 한다는 뜻이다. 아무리 생각해봐도 성의 분화는 장점이 아니라 단점인 것 같다.

많은 과학자가 성이 분화된 이유를 설명했지만, 얼마 전까지만 해도 확실하게 믿을 수 있는 가설은 없었다. 하지만 지금은 한 가지 가설이 점점 더 널리 받아들여지고 있다. 그런데 그 가설은, 놀랍게도 기생충과 관계가 있다.

시대를 막론하고 인류에게는 언제나 기생충에 감염된 사람이 전 세계를 통틀어 20억 명은 있었다. 인류를 감염시키는 기생충은 회충부터 말라리아 원충까지 다양하다. 기생충은 크기가 작고 생식 주기가 짧기 때문에 숙주가 살아 있는 동안 여러 세대로 번식할 수 있다. 그 때문에 숙주의 몸에 재빨리 적응해 숙주의 자원을 효과적으로 착취한다. 기생충이 그런 식으로 숙주의 자원을 착취하면, 숙주는 몸이 약해지거나 심할 경우 목숨을 잃는다.

기생충이 성과 관계가 있는 이유를 이해하려면 약간의 배경지식이 필요하다. 유기체가 가진 DNA를 카드 한 벌이라고 생각해보자. 유기체가 자기 자신을 복제하면, 복제한 결과물인 자손은 무작위 돌연변이를 일으켜 한두 장 정도는 부모와는 다른 카드가 섞이게 될 수도 있지만, 그래도 부모와 거의 다르지 않은 카드를 한 벌 가지게 될 것이다. 그러나 무성생식이 아닌 유성생식을 하는 자손은 한 부모가 준 카드 반 벌과 다른 부모가 준 카드 반 벌을 받는다. 그 때문에 자손은 두 부모 모두와 다른 독특한 카드를 갖게 된다. 그 결과, 자손의 몸속 환경이 부모의 몸속 환경과 완전히 달라지기 때문에 부모의 몸에서 자손의 몸으로 들어간 기생충은 새로운 환경에 적응하지 못하고 죽는다.

성이 기생충의 뒤통수를 치는 방법이라는 주장은 1973년, 미국 생물학자 리 밴 베일런Leigh Van Valen이 했다.[3] 베일런은 기생충은 빠른 속도로 변할 수 있지만 숙주는 그보다 더 빠른 속도로 변해 기생충의 가차 없는 공격에도 살아남을 수 있다고 했다.

『이상한 나라의 앨리스』(1871년)를 발표한 뒤, 루이스 캐럴Lewis Carroll은 후속작 『거울 나라의 앨리스』를 썼다. 『거울 나라의 앨리스』에는 앨리스가 붉은 여왕과 함께 달리면서 계속 달려도 앞으로 나가지 않는 이유를 묻는 장면이 나온다.

"우리나라에서는 보통 어딘가로 가요. 이렇게 아주 빠른 속도로 오래 달리면요."

앨리스가 여전히 조금은 헐떡거리면서 말했다.

"게으름뱅이 나라구나. 너도 경험했으니 알겠지만, 여기서는 제자리에 있으려면 있는 힘껏 달려야 해."

붉은 여왕이 대답했다.

성의 분화가 기생충과 관련이 있다는 밴 베일런의 주장은 현재 '붉은 여왕 가설'이라고 부르는데, 이 주장을 뒷받침해 주는 강력한 실험 증거가 2011년에 나왔다.[4] 미국 생물학자들은 유전자를 조작해 두 예쁜꼬마선충Caenorhabditis elegans 개체군이 다른 방식으로 생식을 하게 했다. 한 개체군은 자가수정이라는 무성생식 방식으로 번식하게 하고, 또 한 개체군은 암수가 짝짓는 유성생식 방식으로 번식하게[5] 한 과학자들은 두 개체군의 자손을 병원성 박테리아로 감염시켰다. 세라티아 마르세센스균serratia marcescens은 빠른 속도로 무성생식군을 무너뜨렸지만 유성생식군은 끊임없이 빠른 속도로 달려 함께 진화하는 기생충을 항상 앞질렀다. 그러니까 남녀가 사랑에 빠지는 것은 달콤하고도 낭만적인 이유가 아니다. 기생충에 대항하려면 성을 분화하는 것이 유리하기 때문이다.

산소 마술

아기들은 로켓 연료로 움직인다

"우리 모두의 몸에서는 촛불의 연소 과정과
아주 비슷한 생체 연소 과정이 일어난다."

마이클 패러데이[1]

침대 위에서 꼼지락거리는 아기. 자욱한 연기와 화염을 내뿜으며 하늘 위로 솟구치는 로켓. 아기와 로켓에게는 그 어떤 공통점도 없을 것 같다. 하지만 그렇지 않다. 아기도, 로켓도 동일한 화학 반응으로 움직이고 있다. 둘 다 로켓 연료rocket fuel로 힘을 얻는다.

하지만 잘 생각해보면 그 같은 사실에 그리 놀랄 이유는 없을 것 같다. 무거운 로켓을 궤도 위로 쏘아 올리려면 단위 질량당 가장 많은 에너지를 낼 수 있는 아주 강력한 연료가 필요하다. 지구 생명체는 거의 40억 년 동안 시행착오를 거치면서 가장 강력한 연료를 찾아내려고 노력했다. 따라서 에너지를 생산하는 생체 과정을 발전시키면서 가장 강력한 연료를 사용하지 않는다면, 그것이 더 이상할 것이다.

아기와 로켓이 사용하는 에너지는 흔히 '연소combustion'라고 부르는 수소와 산소의 화학 반응으로 얻는다. 동물에게 수소는 먹이가, 산소는 공기가 공급한다. 로켓은 사람이 공급한 액화 수소와 액화 산소를 이용해 에너지를 만든다. 수소와 산소의 반응이 어떤 일을 하며, 어떻게 그토록 많은 에너지를 만들어낼 수 있는지 알려면 먼저 과학을 조금 살펴봐야 한다.

수소 원자와 산소 원자는—사실 모든 원자는—작은 원자핵과 그보다 더 작은 전자로 이루어져 있다. 행성이 중력에 붙잡혀 항성 주위를 도는 것처럼 전자는 강력한 전기력에 붙잡혀 원자핵 주위를 돈다.

물체는 자신의 '위치에너지potential energy'를 최소로 낮추려는 경향이 있기 때문에, 위치에너지가 있으면 늘 사용해 없애려고 한다. 과학 용어로 표현하면 '일'을 하는 것이다. 예를 들어 언덕 위에 있는 공은 중력 위치에너지가 높아서, 기회만 있으면 중력 위치에너지가 낮은 바닥으로 내려오려고 한다. 그와 마찬가지로 원자핵 주위를 도는 전자도 기회가 있으면 낮은 곳으로 내려와 위치에너지를 낮추려고 한다.

두 원자가 합쳐질 때는, 각 원자 내부에 존재하는 전자들이 기존과는 다른 방식으로 배열된다. 새롭게 배열된 전자들의 위치에너지 합이 기존 전자들의 위치에너지 합보다 작으면 두 원자는 결합해 분자가 된다. 간단히 말해서, 화학은 전자의 재배열이 전부라고 할 수 있다.

분자의 에너지가 분리되어 있던 원자의 전체 에너지보다 낮기 때문에, 남는 에너지가 생긴다. 물리학에는 변하지 않는 초석이 있다. 에너지는 새로 생성되지도 사라지지도 않는다는 것이다. 전기 에너지가 빛 에너지로 바뀌듯이 에너지는 그저 형태가 바뀔 뿐이다. 남는 에너지를 이용해 일을 할 수 있다.

로켓에서의 수소 원자와 산소 원자의 반응에서는—정확히 말하면 수소 원자 두 개와 산소 원자 한 개가 결합해 물(H_2O)을 만드는 반응에서는—엄청나게 많은 에너지가 발생한다. 이 에너지가 만든 열이 물을 가열하면 로켓 뒤로 수증기가 엄청나게 빠른 속도로 분사된다(그러니까 로켓은 증기 기관이라고 할 수 있다!). 반응과 반작용은 같은 크기의 두 힘이 서로 반대 방향으로 작용하기 때문에 수증기가 뒤로 뿜어져 나가는 동안 로켓은 빠른 속도로 앞으로 나간다.

로켓이 우주 끝까지 날아갈 수 있는 이유는 수소와 산소가 반응할 때 방출되는 에너지의 양이 어마어마하게 많기 때문이다.[2] 아기가—그리고 당신과 나를 포함해 지구에 있는 모든 동물이—아기가 할 수 있는 모든 일을 해내는 이유는 모두 그 때문이다.

로켓에서 일어나는 수소와 산소의 물 생성 반응은 엄청나게 많은 열을 폭발적으로 방출한다. 살아 있는 유기체의 몸은 그런 식으로 짧은 시간에 엄청나게 많은 에너지를 생성하면 안 된다. 생명체들은 훨씬 섬세하고도 온화한 방법으로 단계적으로 에너지를 방출해야 한다.

로켓에서 수소와 산소가 반응할 때 일어나는 일은 모든 화학 반응에서 일어난다. 전자로 의자 뺏기 놀이를 하는 것이다.

수증기로 발사되는 로켓: 미항공우주국NASA의
재사용 가능한 우주선reusable spacecraft은 산소와 수소가
결합해 물을 만드는 반응을 이용해 우주로 나간다.

정확히 말하면 수소와 산소가 반응할 때는 산소 원자가 수소 원자의 전자를 움켜잡는다.[3] 수소 원자와 산소 원자가 한데 뭉쳐 물 분자가 되는 이유는 모두 그 때문이다.

그런데 생명체 안에서 일어나는 수소와 산소의 반응에는 반전이 있다. 세포 안에 있는 수소 원자가 산소 원자에게 전자를 주는 것은 맞지만, 세 원자는 결코 직접 만나지 않는다는 것이다. 수소 원자와 산소 원자 사이에는 단백질 복합체로 만들어진 긴 사슬이 놓여 있다. 고에너지 전자는 수소를 떠나 도약하

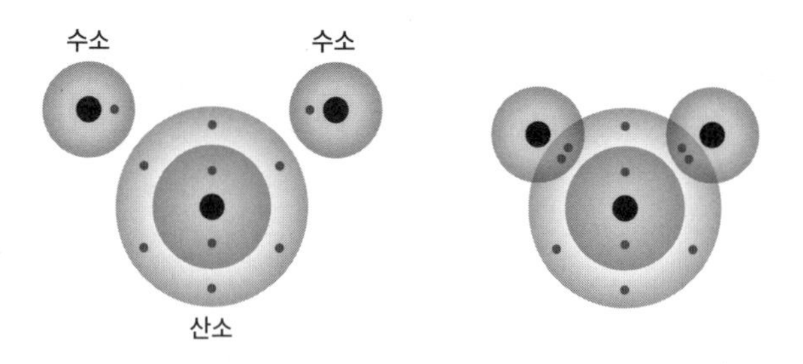

엄청난 전력원: 물 분자의 에너지(오른쪽)는 각 수소 원자와 산소 원자의 에너지(왼쪽) 합보다 적다. 전후 에너지의 차이만큼 에너지가 외부로 방출된다.

듯이 단백질 사슬을 타고 이동한다.

사슬을 타고 전자가 이동하는 동안 남은 수소의 원자핵(양성자)은 세포막에 있는 통로(구멍)를 통해 밖으로 나간다.[4,5] 양성자는 음전하를 띠는 전자와는 반대로 양전하를 띠기 때문에 세포막의 한쪽이 양전하로 대전된다. 전지에서도 같은 일이 일어나기 때문에 전지의 두 전극 사이에는 전기장이 생성된다. 이는 고에너지 전자가 단백질 사슬을 도약하면서 산소 원자를 향해 달려가는 동안 생길 일을 알려준다. 세포막이 전하를 띤 전지가 되고, 폭풍우가 대기의 전자를 쪼개 벼락을 만들 때 생성되는 전기장만큼이나 강력한 전기장이 세포막을 가로지르며 형성되는 것이다.

하지만 우리 몸의 세포가 벼락 맞을 일은 없으니 안심해도 된다. 강력한 전기장은 오직 지름이 500만분의 1밀리미터 밖에 되지 않는 세포막 위에서만 형성되며, 여러 분자가 전기장이 확장되지 않도록 막아주고 있다.

세포막 전지가 생성하는 강력한 전기장은 ATP(아데노신 3인산)를 만드는 화학 반응을 일으킨다. ATP는 에너지 저장고로, 일종의 휴대용 배터리라고 생각해도 된다. 단백질 사슬을 타고 내려가는 동안 전자는 에너지를 잃고 그 대신에 에너지를 충전한 ATP 분자가 생성된다. ATP는 필요할 때면 언제 어디서든 방출되어 세포가 필요한 일을 해낼 수 있도록 세포에게 전력을 공급한다.

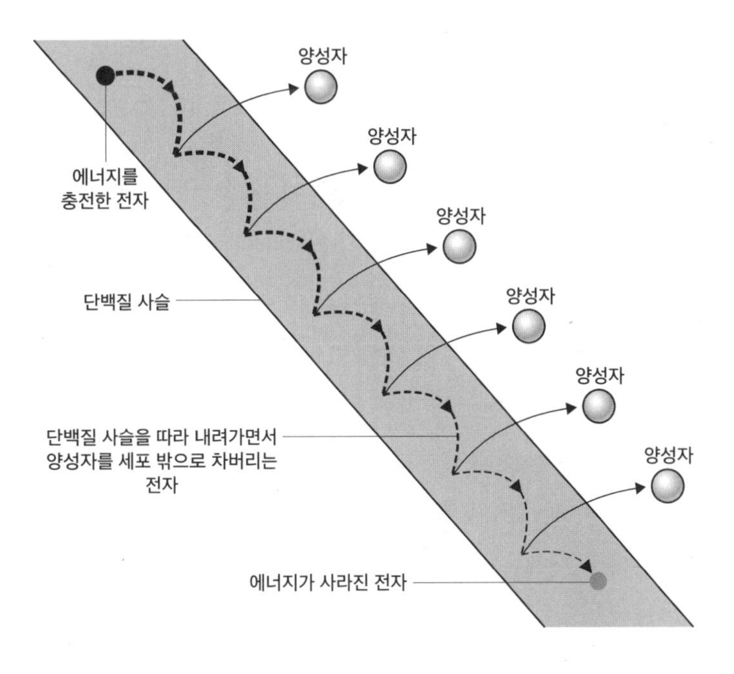

세포막 밖으로 나온 양성자는 세포막을 전지로 바꾸어
생체 에너지 저장고인 ATP 분자를 만들 반응을 유도한다.

결국 우리는 충전한 전지라고 할 수 있다. 우리 몸에는 10만×10억×10억 개나 되는 ATP 분자가 있기 때문이다. 이 ATP 분자들은 1분에서 2분 안에 모두 소비된 뒤에 다시 충전된다. 장난감은 몇 시간이면 방전되는 건전지를 여러 개 사용해야 한다. 하지만 우리 몸은 매초 1000에 10억을 두 번 곱한 만큼의 에너지 저장고를 소비한다.

단백질 사슬을 모두 지난 전자는 에너지가 상당히 낮아진다. 단백질 사슬 끝에서 전자는 기다리고 있는 산소 원자와 결합한다. 수소 원자가 보낸 두 번째 전자를 받으면 산소 원자는 최외각 전자를 모두 채우고 싶다는 소망을 이룰 수 있다.[6] 그런데 이야기는 이것으로 완전히 끝난 것이 아니다.

앞에서 살펴본 것처럼 생명체는 먹는 음식에서 수소를 얻는다. 생명체는 크레브스 회로Krebs cycle를 이용해 먹이에서—정확히는 당(포도당인 $C_6H_{12}O_6$)이나 지방에서—수소 원자를 빼낸다. 크레브스 회로는 세포 안에서 일어나는 놀라울 정도로 섬세하고도 에너지 효율적인 과정으로, 이 과정이 끝나면 탄소 원자가 남는다. 이 탄소 원자에게 최외각 전자 껍질을 모두 채운 산소가 전자를 공유해주면 아주 안정적인 이산화탄소(CO_2) 분자가 된다. 산소로 호흡하는 동물은 이렇게 만들어진 이산화탄소 분자를 노폐물로 인지하고 수증기와 함께 몸 밖으로 배출한다.

자, 이제 정확히 이해됐을 것이다. 우리 몸은 음식에서 수소를 가져와 에너지로 가득 찬 전자를 떼어낸 뒤에, 전자가 가진 에너지를 하나도 남김없이 빼내어 산소에게 건네준다. 간단히 말하면, 수소에 들어 있는 전자가 아기의, 그리고 우리 모든 생명체의 에너지원이다.

7년 차 권태기

오늘 당신의 몸은 3000억 개 정도의 세포를 만들 것이다

"당신을 이루는 세포 가운데 당신이 누구인지를
알거나, 당신에게 신경 쓰는 세포는 하나도 없다."

대니얼 데닛[1]

오늘 당신의 몸은 3000억 개 정도 되는 세포를 만들 것이다. 우리은하를 이루는 항성보다도 훨씬 많은 수다. 내가 아무것도 하지 않아도 늘 지치는 데는 다 이유가 있다.

세포는 기분 나쁘게 질척거리는 투명한 주머니이다. 그리고 생물학의 원자이다. 실제로 세포로 이루어지지 않은 생명체는 없다고 해도 틀린 말이 아니다. 세포 화석 증거가 발견된 가장 오랜 시기는 35억 년 전이며, 생명체가 활동한 화학 증거를 남긴 가장 오랜 시기는 38억 년 전이다. 따라서 지구 최초의 생명체는 지구가 탄생하고 5억 년쯤밖에 지나지 않은 40억 년 전쯤에 나타났을 것이다.

사람은 누구나 어마어마하게 많은 세포가 모여 있는 세포 군집colony이다. 미국 생물학자 루이스 토머스는 "우리는 실재하지 않는 것이 실체를 만드는 좋은 예"라고 했다.[2] 칼 세이건은 "우리는 모두 다수가 모인 하나의 모임"이라고 했다.[3] 그 모임의 구성원은 76에 100만을 두 번이나 곱한, 진실로 천문학적 수라고 할 수 있을 만큼 많은 수가 모인 세포들이다. 나는 은하다. 당신도 은하다. 우리 몸에는 천 개 은하에 있는 항성보다도 더 많은 세포가 있으니, 우리는 모두 한 명 한 명이 천 개의 은하이다.

사람의 몸을 이루는 세포들은 그 하나하나가 대도시만큼 복잡한 극미소 세상이다. 이 극미소 세상에서는 수십억 개가 넘는 작은 기계들이 활동한다. 이 세상에는 행정 소재지, 작업장, 창고, 멈추지 않는 차량으로 꽉 막힌 거리가 있다. 미국 언론인 피터 그윈Peter Gwynee은 "발전소에서 세포의 에너지를 생산한다. 공장에서는 화학 거래의 필수 기본 요소인 단백질을 만든다. 복잡한 수송 체계가 특별한 화학물질들을 세포 내부에 있는 여러 지점과 세포 외부에 있는 지점으로 운반한다. 경계막을 지키는 보초들은 수출입 시장을 통제하고, 외부 위험 요소를 살핀다. 제대로 훈련을 받은 생체 병사들은 언제라도 침략자에 맞서 싸울 준비가 되어 있고, 중앙의 유전자 정부는 세포 사회의 질서를 유지한다."라고 했다.[4]

우리의 삶은 우리 몸에서 가장 작은 세포인 정자와 가장 큰 세포인 난자가 결합하면서 시작된다. 실제로 사람은 누구나 30분 정도는 단일 세포로 살아야 한다(이때 정말 지겨웠던 기억이 난다. 나는 함께 놀 세포를 찾고 싶어서 안달이 났었다). 정자와 난자가 합쳐져서 생성된 수정란은 두 세포로 분열한다. 수정란의 첫 번째 세포 분열은 정말로 경이로운 과정이다. 이때 세포는 30분 만에 DNA를 복사할 뿐 아니라(빠른 속도로 복사하려고 DNA의 여러 곳에서 동시에 복사한다), 100억 개에 달하는 복잡한 단백질도 만든다.[5] 1초에 1000만 개나 되는 많은 단백질을 만들어내는 것이다. 1시간이면 2개 세포는 4개 세포로 나누어지고, 4개 세포는 8개 세포로, 8개 세포는 16개 세포로 계속 분열한다. 몇 차례 분열이 끝나면 발달하는 배아의 각 부분에서 각기 다른 화학 물질이 분비되면서 세포가 분화되기 시작한다. 세포 분화 과정을 거치면서 세포들은 자신이 간세포가 되어야 하는지, 뇌세포가 되어야 하는지, 뼈세포가 되어야 하는지를 '알게' 된다. 결국 단 한 개로 시작한 세포가 76에 100만을 두 번이나 곱한 만큼의 많은 세포로 증식되는 것이다.

하지만 이것으로 이야기는 끝이 아니다. 뇌세포를 제외하면 우리 몸에서 죽을 때까지 살아 있는 세포는 많지 않다. 위벽의 점막 세포들은 언제나 면도칼도 녹이는 강력한 염산에 노출되어 있기 때문에 끊임없이 새로 만들어져야 한다. 위벽 세포는 3시간에서 4시간이면 완전히 새로운 세포들로 뒤덮인다. 혈액세포는 그보다는 수명이 길지만, 그래도 넉 달쯤 지나면 스스로 파괴되어 사라진다. 실제로 우리 몸의 모든 세포는 7년이면 완전히 교체된다. 유명한 7년 차 권태기가 오는 이유는 그 때문인지도 모른다. 배우자를 보면서 이렇게 생각하는 거다. '이봐. 난 당신이 7년 전에 알던 사람이 아니라고.'

5

외계인으로 살기

100퍼센트 인간으로 태어나지만 50퍼센트 외계인으로 죽는다

"내 머릿속에는 내가 아닌 다른 사람이 있어!
There's someone in my head but it's not me."
핑크 플로이드, 영국 프로그레시브 록 밴드

당신 몸에 있는 세포 가운데 절반은 당신이 아니다. 이 비율은 원래 90퍼센트까지 치솟았지만, 최근 연구 결과에 따라 50퍼센트로 낮아졌다.[1] 어쨌거나 내 몸을 이루는 세포의 절반(약 38×100만×100만 개)이 사실은 내 세포가 아니라는 것은 너무나도 놀랍다.

우리 몸에 승차해 있는 외계 세포들은 균류일 수도 있고 박테리아일 수도 있다. 사실 위에 서식하는 수백 종에 달하는 박테리아가 없다면 우리는 음식물에서 필요한 영양소를 끄집어낼 수 없다. 항생제를 먹으면 설사를 할 때가 있는 것은 모두 그 때문이다. 몸에 들어간 항생제가 무분별하게 날뛰면 질병을 일으킨 박테리아뿐 아니라 우리에게 필요한 좋은 박테리아도 함께 죽인다.

박테리아는 우리의 체세포보다 훨씬 작다. 그 때문에 엄청나게 많은 수가 우리 몸에 살고 있으면서도 차지하는 무게는 아주 작다. 몸무게가 70킬로그램인 사람의 몸에서 박테리아 세포가 차지하는 무게는 1.5킬로그램 정도이다.

미국 정부는 5년 동안 사람 몸에 들어 있는 외계 미생물의 정체와 하는 일을 파악한다는 목표로 사람 미생물군유전체 프로젝트(이하 HMP)라는 엄청난 연구를 진행했다.[2] 그리고 2012년, 우리 몸에 서식하는 외계 세포는 1만 종이 넘는다고 발표했다. 사람 세포보다 40배나 종류가 많은 것이다. 피부의 경우 1제곱센티미터의 면적에 박테리아가 약 500만 개체 서식한다. 핀의 머리만 한 면적 위에서 박테리아가 500만 개체 살아가고 있는 것이다. 피부에서 박테리아가 가장 많이 서식하는 곳은 귀, 목덜미, 콧방울, 배꼽이다. 이런 곳에서 살아가는 박테리아가 하는 일은 아직 밝혀지지 않았다. 코 한 곳만 해도 HMP에서 조사한 박테리아 가운데 77퍼센트는 무슨 일을 하는지 알 수 없었다.

HMP는 조사한 사람 가운데 29퍼센트는 비강에서 슈퍼버그라고 부르는 메티실린 내성 황색 포도상구균MRSA, Staphylococcus aureus을 찾았다. 왠지 심각하게 걱정해야 할 상황처럼 느껴진다. 하지만 건강한 사람의 몸은 그런 박테리아를 잘 관리하기 때문에 문제 될 것이 없다. 그러나 면역계가 약한 사람은 위험할 수 있다. 병원에는 아픈 사람이 모이기 때문에 당연히 MRSA가 문제가 될 수 있다.

수많은 질병의 원인이 사람 미생물군유전체에 균형이 깨졌기 때문이라는 증거가 쌓여가고 있다. 크론병이나 궤양성 대장염 같은 염증성 장 질환도 그런 질병이다. 심지어 알츠하이머병 같은 질병도 미생물군유전체의 불균형이 원인일 수 있다는 주장이 나오고 있다.[3]

몸 안에 외계 미생물을 완전히 채운 상태로 태어나는 사람은 없다. 외계 미생물을 전혀 갖지 않은 상태로 태어난 뒤에 모유나 주변 환경에서 미생물을 받는다. 생후 3년쯤 지나면 외계 미생물의 비율은 사람 세포의 비율과 비슷해진다. 100퍼센트 사람으로 태어나 50퍼센트 외계인으로 죽는다고 말하는 이유는 바로 그 때문이다.

그런데 사실, 상황은 이보다 더 심각하다. HMP는 사람 몸에 서식하는 미생물이 만드는 유전자(특별한 목적을 가진 단백질을 지정하는 암호)는 800만 개에 달하지만, 사람의 게놈에 포함된 유전자는 2만 4000개뿐임을 밝혔다. 사람의 유전자보다 400배나 많은 미생물 유전자가 우리 몸에 영향을 미치고 있는 것이다. 다른 말로 표현하면, 우리 몸에 있는 DNA는 99.75퍼센트가 사람의 유전자가 아니라는 뜻이다. 따라서 어떻게 보면 우리는 50퍼센트만큼도 사람이 아닐 수 있다. 우리는 고작 0.25퍼센트만 사람인 것이다. 그러니까 조금 더 정확하게 표현하자면 우리는 100퍼센트 사람으로 태어나 99.75퍼센트 외계인으로 죽는 것이다!

필요 없는 뇌

어린 우렁쉥이는 달라붙어 살아갈 수 있는 바위를 찾아 바다를 떠돈다. 정착할 바위에 달라붙는 순간, 우렁쉥이는 뇌가 필요 없어진다. 그래서 우렁쉥이는 뇌를…… 먹어 치운다[1]

"전망은 암울합니다, 여러분……, 전 세계 기후가
변하고 있고, 포유류가 득세하고 있습니다.
우리 뇌는 호두 크기만 할 뿐이고요."

게리 라슨의 만화 『저 건너에*The Far Side*』 '공룡' 편

어린 우렁쉥이는 달라붙어 살아갈 수 있는 바위를 찾아 바다를 떠돈다. 정착할 바위에 달라붙는 순간, 우렁쉥이에게는 뇌가 필요 없어진다. 그래서 우렁쉥이는 뇌를…… 먹어 치운다. 그렇다면 거친 파도에 쓸려 바위에서 벗어나기라도 하면 어떻게 될까? 아마 뇌를 없애 버렸으니 나침판도, 지도도 없이 바다에 떨어진 선원처럼 그저 정처 없이 흘러 다닐 것이다. 아니면 생각하는 기관을 다시 만들어 새로운 바위를 찾는 능력을 다시 한번 발휘할 수도 있다. 둘 중 어느 쪽일까?[2]

자기 뇌를 먹는 어린 우렁쉥이는 뇌가 엄청나게 많은 에너지를 소비한다는 사실을 보여주는 분명한 예이다. 지구에 사는 생명체는 대부분 뇌를 만들지 않거나, 어린 우렁쉥이처럼 더는

필요가 없어지는 순간 뇌를 제거하는데, 그 이유는 뇌가 에너지를 너무 많이 쓰기 때문이다. 콜롬비아 출신 미국 신경과학자 로돌포 이나스Rodolfo Llinás는 "기본적으로 이 세상에는 두 가지 유형의 동물이 있다. 뇌가 있는 동물과 뇌가 없는 동물. 뇌가 없는 동물은 식물이라고 부른다. 식물은 활발하게 움직이지 않기 때문에 신경계가 필요 없다. 산불이 나도 뿌리를 들어 올려 도망치지 않는다. 활발하게 움직이는 생명체는 모두 신경계가 있어야 한다. 신경계가 없다면 곧 죽고 말 것이다."라고 했다.[3]

물론 사람에게는 특이하게 큰 뇌가 있다. 아마도 그 이유는 우리의 먹이 목록에 식물보다 고에너지원인 고기가 들어 있고, 불을 이용한 조리법을 발명했기 때문일 것이다. 쓰기가 외부 기억으로 작용하는 것처럼 프라이팬은 우리의 외부 소화기관으로 작용한다. 음식을 요리하면 고기 단백질을 분해해, 쉽게 소화되게 함으로써 우리 장이 해야 할 일을 상당히 많이 덜어준다. 위가 소화하는 데 필요한 에너지가 줄어들자, 우리는 남는 에너지를 이용해 뇌를 키울 수 있었다.

믿기지 않게도 사람의 뇌는 전구를 아주 희미하게 밖에는 켤 수 없는 20와트 정도라는 극히 낮은 전력만 가지고도 그 많은 어려운 계산을 해낸다. 슈퍼컴퓨터가 우리 뇌가 처리하는 일과 비슷한 일을 해내려면 20만 와트의 전력이 필요하다. 슈퍼컴퓨터의 에너지 효율이 사람의 뇌보다 1만 배나 낮은 것이다. 하지만 사람의 뇌와 다른 신체 기관의 에너지 소비량을 비교하면, 뇌가 엄청난 대식가임을 알 수 있다. 성인의 뇌 무게는 전체 몸무게의 2퍼센트에서 3퍼센트 정도에 불과하지만, 뇌는 몸이 흡수한 산소의 20퍼센트 정도를 혼자서 소비한다.

뇌에는 우리은하를 이루는 항성만큼 많은 1000억 개에 달하는 세포가 있다는 사실을 생각해보면 다른 기관에 비해 뇌가 엄청나게 많은 에너지를 소비한다는 사실도 그다지 놀랄 일은 아니다. 뉴런neuron이라고 하는 뇌세포는 수상돌기dendrite라는 길게 늘어난 손가락 같은 구조물을 이용해 1만 개나 되는 다른 뉴런과 연결되어 있다. 따라서 뇌에는 1000조 개나 되는 연결이 있을 수 있다. 기억과 같은 정보가 저장되는 것은 뉴런의 연결 형태와 강도가 결정한다고 여겨진다. 매일, 매 순간, 우리가 하는 경험은 뉴런의 연결을 바꾼다. 미국 인지학자 마빈 민스키Marvin Minsky는 "뇌가 하는 주요 활동은 스스로 변하는 것"이라고 했다.[4]

뇌세포들이 서로 연결되려면 에너지가 있어야 한다. 열심히 생각하면 피곤한 이유는 그 때문이다. 미국 과학 작가 조지 존슨George Johnson은 "책을 읽거나 대화를 하는 행위는 실제로 뇌를 변화시킨다. 누군가와 만나고 헤어질 때마다 뇌가 변한다는 것을, 그것도 가끔은 영구적으로 변한다는 것을 생각하면 조금 무섭다는 생각이 든다."라고 했다.[5]

뇌가 끊임없이 뉴런을 바꾸려면 엄청난 에너지가 필요하지만, 사람은 어린 우렁쉥이와는 달리 끝까지 뇌를 유지하는 선택을 했다.

아니, 그런 선택을 한 것처럼 보인다.

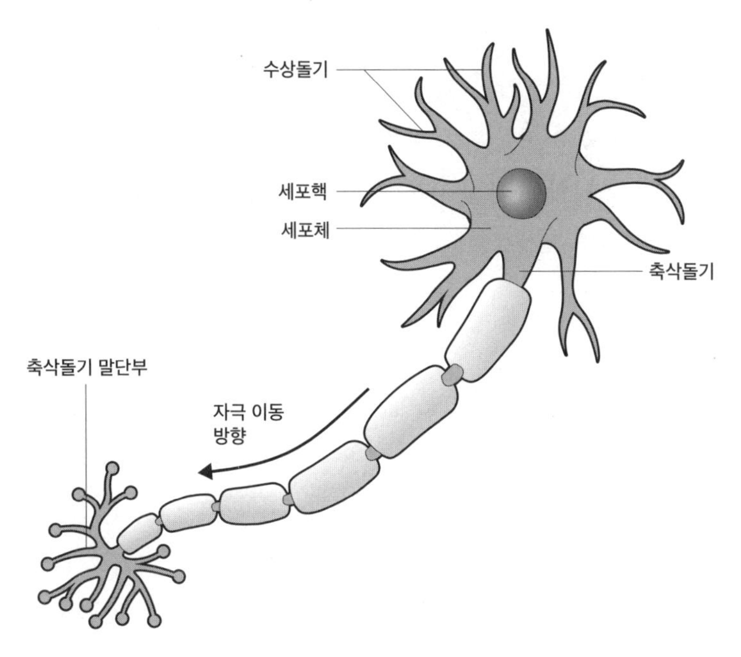

뇌세포(뉴런)는 수상돌기에서 다른 뇌세포가 보낸 신호를 받고,
그 신호를 축삭돌기로 내려보내 다른 뇌세포에게 전달한다.

연구 결과에 따르면 사람의 뇌는 1만 5000년 전부터 3만 년 전쯤에 최대 용량(질량)에 도달했다가 그 뒤로 10퍼센트 정도 줄어들었다.[6] 아마도 그 이유는 그 무렵에는 사람을 먹이로 삼는 포식자들이 많아서 잡아 먹히지 않고 살아남으려면 끊임없이 머리를 써야 했기 때문일 것이다. 이제 인류는 자기 자신을 길들였고, 즉각적인 죽음을 피하는 일에서부터 주거지를 짓고 음식물을 얻는 생존에 필요한 일들을 훨씬 규모가 커진 사회에 의지해 해결한다.[7] 야생 친척 종보다 가축이 몸집이 더 작은 것처럼 사람도 조상보다 더 작아졌다. 그러나 뇌 크기가 지능을 나타내는 지표는 아니니, 크기가 작아졌다는 사실을 우리가 더 바보가 되었다는 뜻으로 받아들일 이유는 없다. 크기 변화는 그저 우리 뇌의 뉴런들이 옛날과는 다른 방식으로 연결되어 있으며, 어쩌면 조상들보다 훨씬 효율적으로 뇌를 사용하고 있다는 뜻일 수 있다.

사람의 뇌가 어떤 식으로 작동하고 있는지는 이제 막 밝혀지고 있을 뿐이다. 과학 분야에서 가장 마지막으로 개척할 분야는 우주가 아니라 뇌일 것이다. 뇌를 완벽하게 이해하는 일은 논리상 불가능하다고 생각하는 사람들도 있다. 미국 물리학자 에머슨 W. 퓨Emerson W. Pugh의 말처럼 "사람의 뇌가 우리가 이해할 수 있을 정도로 단순하다면, 우리는 너무나 단순해져서 뇌를 이해할 수 없을 것이다".[8] 현재 많은 뇌가 사람의 뇌를 이해하려고 애쓰고 있다. 전 세계 과학계의 지성들이 한데 힘을 모으고 있는 것이다. 이탈리아 속담처럼 '모든 뇌가 한 머리에 있는 것은 아니다'.

제 2 부

사랑 이야기

상호작용, 상호작용, 상호작용

140만 년 동안 손도끼의 형태는 바뀌지 않았다

"변한다는 사실, 그것만이 유일하게 변하지 않는다."

헤라클리투스

140만 년 동안 손도끼의 형태는 바뀌지 않았다. 몇 년 전, 『만물과학』 집필에 참고할 자료를 모으는 나에게 런던 자연사박물관에서 인류의 기원을 연구하는 크리스 스팅어Chris Stinger가 이 놀라운 이야기를 들려주었다. 스팅어는 그렇기 때문에 고인류학자들은 그 140만 년을 '지루한 140만 년1.4 million years of boredom'이라고 부른다고 했다.

물론 우리의 호미니드(사람과科) 조상들은 땅에서 쉽게 썩었을 나무 도구나, 자연에 흩어져 있는 뼛조각을 이용해 자연의 산물과는 거의 구별할 수 없는 뼈 도구를 만들었을 수도 있다.[1] 게다가 불을 길들이고, 언어를 발명하고, 사회적으로 복잡한 상호작용을 하면서 분명히 엄청난 변화들이 있었을 것이다. 그러나 그런 변화들은 화석 증거로 전혀 남지 않았다.

그렇다고 해도 6만 세대가 지나는 동안 그 누구도 손도끼의 형태를 개선해야겠다는 생각을 하지 않았음은 엄연한 사실이다. 현대인은 한 세대는 고사하고 최소한 1년에 한 번씩은 신형 아이폰이 나오기를 기대하는 세상에서 살고 있다. 그런데도 잠시라도 멈춰 서서 우리가 얼마나 전례가 없는 시대에 살고 있는지를 되돌아보는 경우는 거의 없다. 인류의 역사 대부분에서 변화는 없었다. 변화가 있었다고 해도 그 속도는 빙하가 움직이는 것처럼 아주 느리게 진행됐다(실제로 지난 100만 년은 90퍼센트 기간이 빙하기였다).

그런데, 사람이 스스로 식량을 생산하면서 모든 것이 바뀌었다. 마지막 빙하기가 끝나고 얼마 되지 않은 1만 3000년 전에 사람은 여러 식물을 경작할 방법을 찾기 시작했다. 중동의 비옥한 초승달 지역에 사는 사람들이 8500년 전쯤에 밀과 배, 올리브를 경작하는 데 성공하고, 8000년 전쯤에 양과 염소를 가축화하는 데 성공한다. 서기전 7500년 무렵에 중국 사람들은 돼지와 누에를 치고, 쌀과 조, 기장 등을 수확했다. 남는 식량이 생기면서 사람들은 중간 규모의 촌락을 형성해 함께 살기 시작했고, 사냥이나 채집과는 상관이 없는 독특한 '일'을 하는 사람들이 생겨났다.

그전까지는 인류의 역사 대부분에서 사람은 50명이 넘지 않는 소규모 단위로만 생활했을 것이다. 따라서 누군가 획기적인 발명을 했다고 해도—예를 들어 손도끼의 형태를 놀라울 정도로 개선했다고 해도—그 발명은 무리를 넘어 다른 곳으로 전해지지 않았을 테고, 그 무리가 사라지면 발명품도 함께 사라졌을 것이다. 불을 지피는 기술만 해도 전 인류의 공동 지식이 되기 전까지 여러 차례 새로 길들여졌다가 사라지기를 반복했을 것이다.

그러나 대규모 농사로 뒷받침되는 대규모 공동체가 나타나자 인류의 역사에서 처음으로 획기적인 생각과 혁신이 살아남아 널리 퍼지기 시작했다. 식량이 증가하고 여러 곳에서 대규모 공동체가 조성되면서 당연히 공동체들이 교류할 수 있는 기회도 폭발적으로 증가했다.[2] 지난 1만 3000년 동안의 사람의 역사를 세 단어로 표현한다면 다음과 같이 말할 수 있을 것이다. 상호작용. 상호작용. 상호작용.

과거보다 지금이 더 빠른 속도로 변하는 이유는 상당 부분 과거의 인구보다 현재의 인구가 훨씬 많다는 데서 찾을 수 있다. 사람이 많기 때문에 더 많은 상호작용이 일어나 생각과 혁신이 과거보다 훨씬 빠른 속도로 바이러스처럼 사람들 사이로 퍼져나갈 수 있기 때문이다. 더구나 지금은 인터넷을 사용하면서 지리적으로 아주 먼 곳에 있는 수십억 사람들이 서로 교류하기 때문에 사람의 상호작용은 천정부지로 치솟았다.

이것은 그 자체로 아주 놀라운 일이다. 지난 1만 3000년이 인류의 역사에서 유례가 없었던 놀라운 시대였던 것처럼, 지난 반세기는 사람의 역사에서 유례가 없이 엄청난 속도로 기술이 변한 시대였다. 그 이유는 거의 18개월마다 컴퓨터 성능이 두 배씩 좋아졌기 때문이다. 1965년, 미국 컴퓨터 칩 제조사인 IBM의 공동 창업주 고든 무어Gordon Moore가 이 같은 컴퓨터의 성능 변화를 예측했고, 이 예측은 '무어의 법칙Moore's law'이라는 명칭을 얻었다. 무어의 법칙대로라면 14년 동안 컴퓨터는 1000배나 성능이 향상되어야 하는데, 당연히 컴퓨터의 성능이 그런 식으로 계속 두 배씩 향상되는 것은 불가능하다. 컴퓨터의 구성 요소들을 작게 하고 빠르게 하는 데는 물리적으로 한계가 있을 수밖에 없다. 따라서 우리는 사람의 역사에서 정말로 특이한 시대에 살고 있는 것이다. 이런 시대는 다시는 볼 수 없을지도 모른다. 우리는 컴퓨터의 성능이 지수함수적으로 향상되는 시대에 살고 있다. 이런 변화가 인간 사회를 어떻게 바꿀지는 추측조차 하기 힘들다.

이제 다시 땅으로 돌아오자. 문자 그대로 땅으로 말이다. 현대 세상을 만들었으며, 140만 년은 고사하고 1.4년 동안만이라도 아이폰에 변화를 주지 않고 그대로 내버려 둘 리가 없게 하는 상호작용, 상호작용, 상호작용은 한 가지 때문에, 오직 한 가지 때문에 가능했다. 농업 말이다. 어느 이름 모를 작가가 말한 것처럼 "예술적 허세와 교양, 수많은 업적에도 불구하고 사람은 15센티미터 표토층과 비가 내린다는 사실 덕분에 자신이 존재함을 느낄 수 있는 존재이다".

할머니여서 좋은 점

이 세상에 폐경기가 있는 생물은 세 종뿐이다

"개를 기르면 10년은 젊어진다는 연구 결과가 있다.
그 말을 듣고 처음에는 두 마리를 데려올까 하는 생각이
들었지만, 아서라. 폐경기를 다시 겪고 싶지는 않다."

조앤 리버스, 영화배우

폐경기는 매달 한두 개씩 난소에서 내보냈던 난자가 더는 나오지 않을 때 시작된다. 여성의 난소에서 평생 내보내는(배란하는) 난자는 400개쯤으로, 50살쯤 되면 난소에는 더는 난자가 남지 않는다. (그런데, 어머니의 난자는 어머니가 배아의 상태로 할머니의 자궁 속에 들어 있을 때 이미 모두 생성되기 때문에 당신의 삶은 어머니의 뱃속이 아니라 할머니의 뱃속에 있을 때 시작된다고 할 수 있다.)

놀랍게도 사람은 죽기 전에 생식 능력이 사라진다고 알려진 세 생물 종 가운데 하나이다. 사람을 빼면 범고래와 들쇠고래만이 죽기 전에 생식 기능이 멈춘다. (잠시 들쇠고래의 처지를 생각해보자. 들쇠고래는 힘든 폐경기 증후군을 견뎌야 할 뿐 아니라, 체온이 올라가 힘들 때면 그 짧은 지느러미로 부채질을 하느라 애를 먹

어야 한다.)* 다윈식 생존 경쟁에서는 가장 많은 자손에게 유전자를 전달하는 개체가 승자라는 사실을 생각해보면, 죽기 전에 미리 생식 능력을 포기해버리는 여성들의 상황은 무척이나 독특하다. 진화는 마지막까지 '한 개라도 더' 많은 난자를 방출해 더 많은 자손을 남기려는 여성에게 유리하게 작용할 것만 같다. 그런데 어째서 여성은 난자를 고작 400개 정도만 배란하는 것일까? 무엇 때문에 살아 있는 동안 계속해서 난자를 방출하지 않는 것일까?

여성의 생식에 영향을 미치는 요인은 난자의 수 말고도 또 있다. 인생 후반기가 되면 출산은 젊었을 때보다 더 위험한 일이 되고, 유전적으로 결함이 있는 자손을 낳을 가능성도 커진다. 게다가 태어난 아이를 무사히 성인이 될 때까지 기르려면 많은 에너지가 필요하다. 나이가 많은 여성은 아이를 기르는 데 필요한 에너지가 부족할 뿐 아니라, 아기만 두고 세상을 떠날 위험도 있다. 그 때문에 여성이 자신의 생식 능력을 조기에 버리는 이유는 자기 자손이 손자를 낳아 기를 수 있도록 돕기 위함이라고 믿는 생물학자들이 많다. 손자가 성공적으로 자랄 수 있게 돕는 것이 나이 든 여성으로서는 자신이 직접 자손을 낳는 것보다 자신의 유전자를 다음 세대로 전달할 가능성이 더 높다. 그러니까 모두 비용과 이득의 문제인 것이다. 자신이 직접 임신하고 아기를 낳아 기르는 데 드는 비용과 손자를 기르

* 들쇠고래의 영어명은 short-finned pilot whales이다.

는 자손을 도울 때 얻을 수 있는 이득을 따진다면, 아마도 자손을 돕는 쪽이 이득이 더 많을 것이다. 생물학자들은 할머니들이 이타적으로 하는 행동에는 사실 완벽하게 이기적인 동기가 있다고 말한다.

하지만 이 할머니 가설에 동의하지 않는 사람들도 있다. 이 가설에 회의적인 사람들은 손자의 양육을 도울 때 얻을 수 있는 이득은 자기 유전자 절반을 전할 수 있는 자신의 아이를 포기하면서 얻는 대가보다 클 수 없다는 말로 반박한다.

분명히 사람이 아닌 다른 영장류들은 암컷이 오랜 기간 번식하면서 오히려 갓 태어난 형제를 돌보게 하려고 딸의 생식력을 억제한다. 형제를 돌보는 딸들 덕분에 자신의 유전자를 공유한 개체의 생존 가능성이 높아진다는 사실을 생각해보면 충분히 현명한 행동이다. 하지만 사람 사회에서는 대부분 다 자란 성인 여성은 자신의 가족을 떠나 외부 무리에 합류한다. 따라서 며느리가 시어머니 자손의 양육을 돕는 일은 진화적으로 있을 법한 일이 아니다. 하지만 시어머니는 며느리의 자녀 양육을 도울 충분한 이유가 있다. 며느리의 아이를 제대로 길러내면 자신의 유전자를 후대에 남길 수 있기 때문이다. 시어머니 입장에서는 자신의 생식 활동을 멈추고, 며느리와 경쟁하는 대신 며느리의 출산과 양육을 돕는 것이 가장 훌륭한 유전자 전달 전략이라고 영국 엑서터 대학교 진화생물학자 마이클 캔트Michael Cant는 말한다.[1]

동성애가 존재하는 이유에 관해서도 과학자들은 할머니 가설과 비슷한 방식으로 설명한다. 유전자와 자신의 특성을 다음 세대에게 물려줄 수 있는 방법은 암수가 함께 하는 생식밖에 없기 때문에 같은 성을 사랑하는 개체의 유전자는 다음 세대로 전달되지 못하고 빠른 속도로 소멸하고 말 것이다. 하지만 동성애는 어떤 세대에서도 소멸하지 않은 채 어느 문화에서나 남성은 3퍼센트 정도, 여성은 2퍼센트 정도로 꾸준히 존재한다.

동성애가 꾸준하게 존재하는 이유를 설명하는 한 가설은 동성애 성향은 그 자체로는 이기적인 유전자에 이득을 주지 않지만, 동성애 유전자는 언제나 이기적인 유전자에게 이득을 주는 유전자와 함께 자손에게 전달된다고 주장한다. 그 같은 동반 유전은 자연에서 심심치 않게 볼 수 있다. 말라리아를 막아주는 유전자도 그런 예이다. 말라리아를 막아주는 유전자를 한 개 가지고 있는 사람은 말라리아에 걸리지 않는 이득을 얻지만, 말라리아 내성 유전자를 두 개 가진 사람은 혈액 세포를 납작하게 만들고 모세혈관을 파괴해 심각한 상황을 유발하는 낫(겸형)적혈구빈혈sickle cell anaemia이 생긴다. 거의 모든 사람 개체군에서 낫적혈구빈혈은 사라지지 않고 존재하는데, 그 이유는 빈혈에 걸릴지라도 이 유전자가 말라리아를 막아줄 때 얻는 이득이 더 커서, 개체의 생존 가능성을 높이기 때문이다.

동성애가 사라지지 않고 계속 존재하는 이유는 당연히 동성애자들이 다음 세대로 자신의 유전자를 전달할 수 있기 때문이다. 사람들은 흔히 사람의 성 지향성을 몇 가지 형태로만 구별하려고 하지만 실제로 사람의 성 지향성은 100퍼센트 동성애자부터 100퍼센트 이성애자까지의 사이에서 어떤 형태로도 존재할 수 있다. 전적으로 동성애자인 사람은 없을지도 모른다. 어쩌면 삶의 특정 시기에만 동성애자가 되는지도 모른다. 따라서 동성애자도 아이를 가질 수 있다. 동성애자가 아기를 낳을 수 있는 기회를 충분히 많이 갖는다면, 동성애 유전자는 사라지지 않을 테고, 동성애도 계속 존재할 것이다.

그런데 동성애자가 자신의 유전자를 미래 세대에 전달할 수 있는 좀 더 확실한 방법을 설명하는 가설이 있다. 이 가설은 동성애가 존재하는 이유를 여성이 폐경기를 맞은 뒤에 할머니가 되는 이유와 같은 맥락에서 설명한다. 동성애자가 조카처럼 자신과 유전적으로 관계가 있는 아이의 양육을 돕는다면 자신의 유전자를 미래에 남길 수 있다. 그러니까 조카의 양육을 돕는 행위는 자신의 유전자를 후대에 전달하려는 이기적인 행위로 볼 수 있는 것이다. 이는 생물학자들이 생물학의 또 다른 커다란 수수께끼인 이타주의를 설명할 때도 종종 사용하는 가설이다. 어째서 생물은 자신의 생존을 희생하면서까지 다른 개체의 생명을 구하는 것일까? 이타주의는 그 누구보다도 자신과 유전적으로 관계가 있는 사람, 즉 가까운 가족에게 가장 쉽게 발현된다. 이타주의 역시 조금도 이기적이지 않아 보이는 행위가 사실은 이기적인 행위였음을 보여주는 예이다.

사라진 인종

현생 인류가 네안데르탈인보다 더 뛰어난 생존 능력을 발휘할 수 있었던 것은 모두…… 바느질 기술 덕분이다

"셀 수도 없이 많은 만화에서 네안데르탈인을 유인원 닮은 동굴에 사는 원시인으로 그리고 있지만, 사실 그들은 우리보다 뇌가 조금 더 큰 인류였다. 네안데르탈인은 죽은 자를 매장했으며 병든 자를 돌봤다는 강력한 증거도 있다."

재레드 다이아몬드[1]

현생 인류가 네안데르탈인보다 더 뛰어난 생존 능력을 발휘할 수 있었던 것은 모두…… 바느질 기술 덕분이다. 런던 자연사 박물관의 크리스 스팅어가 나에게 해준 말이다. 스팅어는 초기 현생 인류가 만든 뼈바늘은 많이 발견했지만, 네안데르탈인이 만든 뼈바늘은 아직까지 단 한 개도 발견되지 않았다는 사실을 근거로 들었다. 바느질을 함으로써 네안데르탈인의 아이들보다 우리의 아이들이 혹독한 빙하기 겨울을 견딜 수 있는 능력을 조금 더 높여주었다는 사실이 정말로 네안데르탈인은 4만 년 전에 사라졌지만, 우리는 지금까지 남아 있는 이유가 될 수 있을까?[2]

첫 번째 네안데르탈인의 화석은 1829년, 벨기에의 엥기스에서 발견했다. 하지만 1856년이 되어 독일 뒤셀도르프 부근에 있는 네안데르 계곡 채석장에서 4만 년 된 화석을 발견하기 전까지는 그 화석이 초기 호미니드종이라는 사실을 깨달은 사람은 아무도 없었다.

다른 호미니드처럼 네안데르탈인도 아프리카가 고향이다. 아프리카를 떠나온 네안데르탈인은 현생 인류보다 훨씬 전에 유럽과 아시아로 옮겨 갔다. 네안데르탈인은 유럽과 서아시아에서 살았고, 멀리 동쪽으로는 시베리아 남부까지, 남쪽으로는 중동까지 이주해 25만 년 전쯤부터 4만 년 전쯤까지 살았다. 따라서 13만 년 전쯤에, 혹은 그 이전에 그 지역으로 이주해 온 현생 인류와 한동안은 함께 살아갔을 것이다.[3] 실제로 DNA 증거에 따르면 현생 인류와 네안데르탈인은 60만 년 전쯤에 공동 조상에서 갈라졌다.[4]

머리는 크고 눈썹뼈는 돌출해 있고 코는 커다란 탓에 네안데르탈인은 흔히 멍청이처럼 묘사될 때가 많다. 그러나 그들의 뇌는 현생 인류보다 좀 더 크며, 절대로 어리석지 않았고, 현생 인류와 다름없는 능력을 지니고 있었다는 증거가 많다. 네안데르탈인은 도구를 사용했고, 음식을 조리해 먹었으며, 예술 작품을 만들었고, 장례 의식을 치렀다.[5] 그들은 우리와 똑같은 사람이었다. 네안데르탈인은 현생 인류보다 체격이 다부지고 근육질이었다. 그 이유는 아마도 혹독한 빙하기 환경에 적응해 살아남아야 했기 때문일 것이다. 체구가 다부지고 조밀해지면 귀중한 열이 빠져나갈 수 있는 피부 면적은 좁아진다.

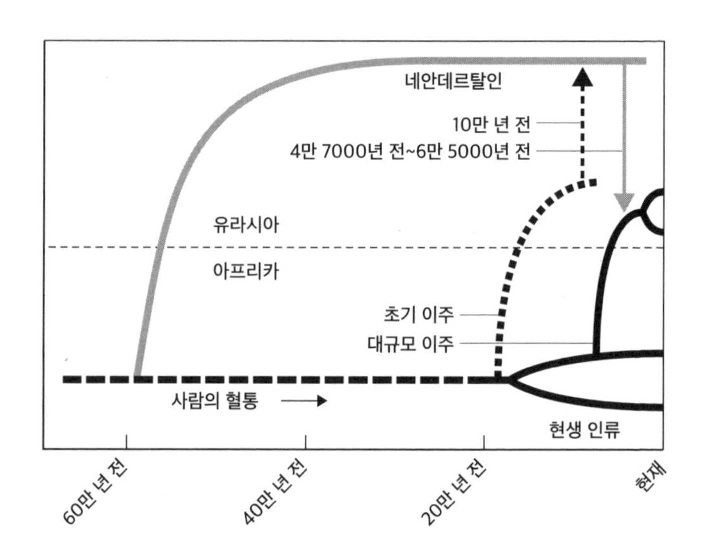

빙하기 형제들: 현생 인류와 네안데르탈인은 오랜 기간 함께 살면서 서로 짝을 짓기도 했다.

4만 년 전쯤에 네안데르탈인은 지구에서 완전히 자취를 감추었다.[6] 왜일까? 이것은 아직까지 고인류학이 풀지 못한 큰 수수께끼 가운데 하나이다. 여러 가설 중에는 아기에게 입힐 옷을 만들지 못했기 때문에 네안데르탈인이 사라졌다는 주장도 있다. 네안데르탈인은 기후 변화에 현생 인류만큼 훌륭하게 적응하지 못해 사라졌을 수도 있고, 현생 인류와 영역과 먹이를 놓고 벌인 경쟁에서 패했을 수도 있다.

네안데르탈인이 정말로 혹독했던 빙하기에도 오랜 기간 성공적으로 생존했다는 사실이 이 수수께끼를 더욱 풀기 힘들게 한다. 오랜 빙하기를 살면서 네안데르탈인들은 잠복해 있다가 매머드나 들소, 순록 같은 큰 먹이를 사냥하는 법을 제대로 익혔을 것이다. 하지만 무슨 이유에서인지 성공적으로 번성하던 이 인류는 멀지 않은 과거에 갑자기 지구 위에서 모습을 감추고 말았다. 인간 진화의 역사에서 눈 깜빡할 사이에 사라져버린 것이다.

그런데 이 이야기에는 반전이 있다. 아프리카 대륙 밖에서 살고 있는 사람들의 DNA 가운데 2퍼센트만큼은 네안데르탈인의 DNA이다.[7] 네안데르탈인은 완전히 사라지지 않았다. 그들은 현생 인류와 교배했다. 지금, 이 순간에도 네안데르탈인은 우리와 함께 지구 위를 걷고 있다.

놓친 기회

제일 먼저 달에 발을 디딘 사람의 사진을 찍지 않았다

"달에 서서 처음으로 지구를 돌아보았을 때, 울음이 터졌다."

앨런 셰퍼드, 아폴로 14호 우주비행사

자체 추정치에 따르면 미항공우주국은 아폴로 달 탐사 프로그램을 진행하는 동안 사람을 달에 보내는 데 250억 달러를 썼다. 지금으로 치면 1000억 달러에 달하는 금액을 쓴 셈이다. 그런데도 사람의 역사를 통틀어 가장 놀라운 순간을 사진에 담지 못했다. 인류 최초로 달에 발을 디딘 닐 암스트롱Neil Armstrong의 모습을 찍지 못한 것이다. 암스트롱의 뒤를 이어 달에 발을 디딘 버즈 올드린Buzz Aldrin이 암스트롱의 사진을 찍지 않았기 때문이다.

그런데, 이런 이야기가 완벽한 진실은 아니다. 사실 올드린은 암스트롱이 달에 서 있는 사진을 찍기는 했다. 다만 그저 뒷모습을 찍었을 뿐이다.[1] 게다가 암스트롱이 달 표면에 서 있는 올드린을 찍은 유명한 사진에서는 올드린의 헬멧에 비친 흰색 우주복을 입고 있는 암스트롱의 모습이 보인다. 그리고 당연히 흐릿한 흑백 텔레비전 영상이 암스트롱과 올드린이 달에 착

사진은 싫어!: 다른 세계에 최초로 발을 디딘 사람(닐 암스트롱)은 정면 사진을 단 한 장도 찍지 않았다.

륙하는 모습을 찍어서 지구로 전송했다. 하지만 그것이 전부이다. 첫 번째 어류가 바다를 벗어나 육지로 올라온 일에 비견할 수 있는 엄청난 사건인 인류가 최초로 다른 세계에 발을 디디는 순간을 찍은 사진은 존재하지 않는다.

사실 암스트롱의 사진이 없다는 이유로 올드린을 비난할 수는 없다. 두 사람이 달 표면에서 활동했던 2시간 31분 동안 카메라를 거의 대부분 들고 있던 사람은 암스트롱이었으니까. 카메라는 전동 핫셀블라드 500 EL Hasselblad 500 EL을 개조해서 70밀리미터 필름과 편광 필터를 사용하는 핫셀블라드 전기 데이터 카메라였다.[2] 우주비행사들은 이 카메라를 가슴에 얹어 들고 다녔는데, 뷰파인더가 없었기 때문에 사진을 찍기 전에 렌

즈로 찍힐 모습을 미리 확인할 수는 없었다.

아폴로 11호가 지구를 떠나기 전에 암스트롱과 올드린은 집에서 미리 촬영 연습을 하고 왔다. 그러나 달 표면에서 사진 찍기에는 지구와는 전혀 다른 어려움이 있었다. 지구에서는 공기 분자가 햇빛을 산란하기 때문에 빛의 세기가 약해지고, 빛이 그림자에까지 스며들기 때문에 사진에서 그림자가 완벽한 어둠으로 찍히는 경우는 없다. 그러나 달에는 공기가 없다. 그 때문에 빛이 닿는 곳과 빛이 닿지 않는 곳이 칼로 정확하게 자른 것처럼 완벽하게 밝은 곳과 완벽하게 어두운 곳으로 나누어진다. 그 때문에 카메라 노출기를 맞추기가 너무나도 어려워진다.

달 표면 사진이 기이한 이유는 그저 빛과 그림자가 선명한 대조를 이루기 때문만이 아니다. 지구에서 사진을 찍으면 먼지 입자가 빛을 산란해 먼 곳에 있는 물체는 희미하게 퍼져 보인다. 사진에 찍힌 물체의 선명함을 근거로 우리는 가까이 있는 물체와 멀리 있는 물체를 구분할 수 있다. 하지만 공기가 없는 달에서 찍은 사진은 그런 구분을 할 수 없다. 20미터 떨어진 언덕과 2킬로미터 떨어진 산을 구별할 방법이 없는 것이다. 달에서는 사진으로는 제대로 인식하기 힘든 이질감이 느껴진다.

실제 색을 제대로 포착하지 못한다는 것도 달에서 사진을 찍을 때 경험하는 또 다른 특이함이다. 달 표면은 우중충한 회색이 아니라 은색, 금색, 갈색으로 반짝이는데, 특이하게도 카메라의 방향을 어떻게 잡느냐에 따라 사진에 나타나는 색이 달라진다. 그런 색 변화가 일어나는 이유는 모두 달 먼지 때문이다. 지구의 해변에서는 모래가 끊임없이 구르면서 서로 부딪치기 때문에 마모되고 매끈해져서 알갱이 하나하나가 아주 작은 조약돌처럼 생겼지만, 달에서는 그런 풍화 작용이 일어나지 않는다. 달 표면으로는 끊임없이 미세운석이 비처럼 떨어진다. 엄청난 속도로 날아와 달 표면에 부딪히는 미세운석 때문에 달 표면의 암석은 깨지고 가열돼, 달 먼지는 조약돌이라기보다는 녹은 눈송이처럼 보인다. 모서리가 많은 거친 달 먼지는 햇빛이 들어오는 방향에 따라 다른 식으로 반사되기 때문에, 보는 각도에 따라 보이는 색도 바뀐다.

한때는 달에는 두툼하게 먼지가 쌓인 층이 있어 우주선이 흔적도 없이 가라앉아 버릴 수도 있다는 두려움을 정말로 느낀 적이 있었다. 아서 C. 클라크Arthur C. Clarke가 1961년에 발표한 소설 『달 먼지 폭포*A Fall of Moondust*』에서는 셀레네 달 먼지 탐사선이 승무원들을 모두 태운 채 달 먼지 바다 밑으로 가라앉아 버린다. 다행히, 달 유사流沙 공포는 근거가 없는 것임이 밝혀졌다.

아폴로 우주비행사들은 달 먼지에서는 화약 냄새가 난다고 했다. 일단 달에 내리면 우주복에 달라붙은 달 먼지 때문에 우주비행사들은 마치 광부처럼 보인다. 안타깝게도 달에 간 유일한 지질학자 해리슨 슈미트Harrison Schmitt는 달 먼지 알레르기가 있었다(슈미트는 마지막 아폴로 프로젝트였던 아폴로 17호를 타고 달에 갔다).[3] 분명히 집으로 돌아오는 내내 재채기를 해야 했을 것이다.

미세운석이 끊임없이 강타하기 때문에 달의 '토양'은 1000만 년에 한 번씩 완전히 뒤집힌다. 이 '달의 흙갈이' 때문에 아폴로 우주비행사들이 남기고 온 발자국은 인류보다는 오래 남겠지만, 영원히 남지는 않을 것이다.

암스트롱과 올드린은 1969년 7월 20일에 고요의 바다Sea of Tranquillity에 발자국을 남기고 왔다. 그보다 360만 년쯤 전에 소규모 인류가 탄자니아 라에톨리 화산 지대에 발자국을 남겼다.[4] 우리 인류가 얼마나 멀리 왔는지, 그리고 인류의 소멸을 위협하는 전 지구적 문제를 해결할 방법을 찾지 못한다면 우리가 얼마나 많은 것을 잃게 될지를 분명히 보여주는 것으로 이 두 발자국만큼 놀라운 사례는 분명히 없을 것이다.

제 3 부

육지 이야기

11

자연의 알파벳

당신이 들이마시는 모든 공기에는 매릴린 먼로가 내뱉은 원자가 들어 있다

"엄청난 재앙이 벌어지고, 이 세상 모든 과학 지식이 파괴되어 다음 세대의 생명체들에게 단 한 문장만을 전달할 수 있다면, 제한된 단어로 가장 많은 정보를 전달할 수 있으려면 어떤 문장을 남겨야 할까? 그것은 바로 '모든 것은 원자로 되어 있다.'이다."

리처드 파인먼[1]

서기전 440년 무렵에 그리스 철학자 데모크리토스는 암석이나 나뭇가지(혹은 도자기 조각)를 집어 들고 자기 자신에게 이런 질문을 했다. 이것을 반으로 쪼개고, 반으로 쪼갠 것을 다시 반으로 쪼개고, 계속해서 반으로 쪼갠다면 멈추지 않고 계속해서 쪼갤 수 있을까? 데모크리토스는 확신을 가지고 그 의문에 대답할 수 있었다. 그에게는 물질을 끝없이 쪼갠다는 것은 분명히 있을 수 없는 일이었다. 그는 언제가 됐건 물질을 더는 반으로 쪼갤 수 없는 순간이 오리라는 사실을 깨달았다. 그리스어 아토모스a-tomos는 더는 쪼갤 수 없다는 뜻이다. 데모크리토스는 더는 쪼개지지 않는 입자를 '원자atom'라고 불렀다.

데모크리토스의 원자는 그저 보이지 않고, 더는 쪼개지지 않는 입자가 아니다. 데모크리토스는 원자는 많지 않은 몇 가지 종류로 이루어져 있고, 이런 원자들을 조합하면 장미나 의자, 갓난아기를 만들 수 있다고 했다. "관례상(감정적으로 느끼기에) 단 것, 쓴 것, 차갑고 뜨거운 것, 색을 지닌 것들이 존재하지만, 실제로 존재하는 것은 오직 원자와 공동void뿐이다."

데모크리토스의 이런 생각은 너무나도 놀랍다. 우리가 주위에서 목격하는 모든 복잡함이 사실은 환상이라고 말하고 있기 때문이다. 세상이라는 피부 아래에서는 모든 것이 단순하다. 그저 가장 기본적인 몇 가지 구성 성분을 무한히 존재하는 조합 방식으로 조립하면 복잡함이 탄생한다. 모든 것은 조합의 결과이다. 원자는 자연의 레고블록이다.

가장 근원적인 단계에서 자연은 단순하다는 데모크리토스의 생각은 현대 과학이 행동할 동기를 심어준 기본 신념이다. 보이는 세계 이면이 그토록 단순한 이유는 아직 그 누구도 모른다. 하지만 찾고자 노력하면 결실을 얻는 법이다. 지난 몇 세기 동안 과학자들은 이 세상의 토대를 이루는 좀 더 단순하고 기본적인 물리 법칙들을 계속 찾아내고 있다.

원자는 맨눈으로는 볼 수 없기 때문에 데모크리토스는 원자는 분명히 아주 작아야 한다고 생각했다. 현재 우리는 이 문장 끝에 찍은 온점만 한 원의 지름 위에 1000만 개나 되는 원자를 늘어놓을 수 있음을 안다. 20세기가 되자 원자가 존재한다는 간접 증거가 많이 나왔다. 예를 들어 기체의 압력이 생기는 이유는 수없이 많은 작은 알갱이들이 빗방울이 양철 지붕을 두드리는 것처럼 용기 내벽에 부딪치기 때문이라고 설명할 수 있었다. 하지만 실제로 원자의 모습을 보려면 아주 최근까지지도 그냥 기다릴 수밖에 없었다.[2]

1980년, 취리히의 IBM에서 근무하던 하인리히 로러Heinrich Rohrer와 게르트 비니히Gerd Binnig가 주사 터널링 현미경(이하 STM)을 발명했다. 시각 장애인이 손가락으로 다른 사람의 피부를 더듬어 전체 윤곽을 파악하는 것처럼 STM도 작은 스타일러스로 원자의 표면을 훑으면서 상하 운동을 기록해 아주 작은 원자의 모습을 파악한다. STM이 모은 정보를 컴퓨터에서 영상으로 전환하면 상자에 담긴 오렌지나 작은 축구공처럼 생긴 원자가 보인다. 2000년도 훨씬 전에 데모크리토스가 상상한 모습 그대로이다.

로러와 비니히는 STM을 발명한 공로로 1986년에 노벨 물리학상을 받았다. 물론 데모크리토스가 살았던 시대에는 노벨상이 없었다. 하지만 그는 원자의 모습을 확인할 수 있었던 시기보다 훨씬 앞서 원자의 존재와 모습을 예측한 인물로 기네스북에 오를 자격이 충분히 있다.

여기서 내가 하고 싶은 이야기는 이것이다. 우리가 숨을 쉴 때는 일정량의 공기를 들이마셔야 한다. 그 일정량의 공기를 '한 입 공기'라고 해보자. 몇 번이나 공기를 들이마셔야 지구의 대기 부피만큼 공기를 들이마실 수 있을까? 당연히 아주 많은 횟수를 들이마셔야 한다. 그런데 한 입 공기에 들어 있는 원자의 개수는 지구 전체 대기를 한 입 공기만큼의 부피로 나누었을 때 나오는 개수보다 많다. 따라서 당신이 들이마시는 모든 공기에는 매릴린 먼로가 내뱉은 원자가 들어 있다. 율리우스 카이사르가 내뱉은 원자가, 마지막으로 지구 위를 걸은 티라노사우루스 렉스가 내뱉은 원자가 들어 있는 것이다.

12

암석 스펀지

바닷물이 올라가면 우물물은 내려간다

"세상사에는 조수가 있어 흐름을 잘 타면
행운을 얻지만, 그 흐름을 놓치면 인생의 항로가
모두 얕은 물에 갇혀 비참해진다."

윌리엄 셰익스피어, 『줄리우스 시저*Julius Caesar*』

조수 운동으로 바닷물의 높이가 최대가 될 때 우물물의 높이는 낮아지고, 바닷물의 높이가 최저가 될 때 우물물의 높이는 높아진다는 사실을 알고 있는가? 이 현상은 서기전 100년 무렵에 그리스 철학자 포세이도니오스Poseidonios가 스페인 대서양 해안에서 처음 발견했다. 포세이도니오스가 기록한 자료는 사라졌지만, 그리스 지리학자 스트라본Strabon의 저서 『지리서*Geographika*』에 그 기록이 남아 있다. "가데스(카디스)의 헤라클레이움(신전)에는 몇 발자국만 내려가면 물에 닿는 (식수로 적합한) 샘이 있는데, 이 샘의 물은 바닷물의 변화와는 정반대로 움직인다. 바닷물이 밀물일 때는 낮아지고 썰물일 때는 높아지는 것이다."

믿기지 않겠지만 포세이도니오스가 관찰한 사실은 2000년 동안이나 그 이유를 설명하지 못했다. 1940년이 되어서야 이스라엘계 미국 지구물리학자 차임 리브 페케리스Chaim Leib Pekeris가 달이 지구의 바다뿐 아니라 육지에서도 조수 현상을 일으킨다는 사실을 깨달으면서 그 이유가 밝혀졌다(정확히 말하면 지구의 바다와 육지에 조수를 유도하는 것은 태양과 달이지만, 달의 힘이 태양의 힘보다 두 배 크다).

아이작 뉴턴Isaac Newton이 처음 이해한 것처럼 조수는 지구에서 달과 가장 가까운 곳을 가장 강하게 당기면서 지구의 형태를 변형시킨다. 달 바로 밑에 있는 대양의 한 지점을 생각해 보자. 달과 가까운 해수면은 달까지의 거리가 조금 더 먼 해저보다 더 강한 힘을 받는다. 해수면과 해저가 받는 달이 끌어당기는 힘의 차이 때문에 바닷물은 달이 있는 쪽으로 부풀어 오른다. 그곳에서 지구 반대편에 있는 바다에서도 달이 끌어당기는 힘의 차이 때문에 해수는 부풀어 오른다. 지구는 자전하기 때문에 달의 힘을 가장 많이 받는 지역은 계속 바뀌어서, 지구의 모든 지역에서 바다는 하루에 두 번 바닷물이 위로 올라왔다가 내려가는 조수 현상을 경험한다.

달이 잡아당기는 것은 물만이 아니다. 단단한 육지도 잡아당긴다. 육지가 부풀어 오르는 모습을 보지 못하는 이유는 암석이 물보다 훨씬 단단하기 때문이다. 포세이도니오스는 우물물이 바닷물과 반대로 움직이는 이유를 다음과 같이 설명했다. 우물을 둘러싸고 있는 땅은 당연히 물을 머금고 있다. 그러니까 젖어 있는 스펀지인 것이다. 이 암석 스펀지는 만조 때는 위

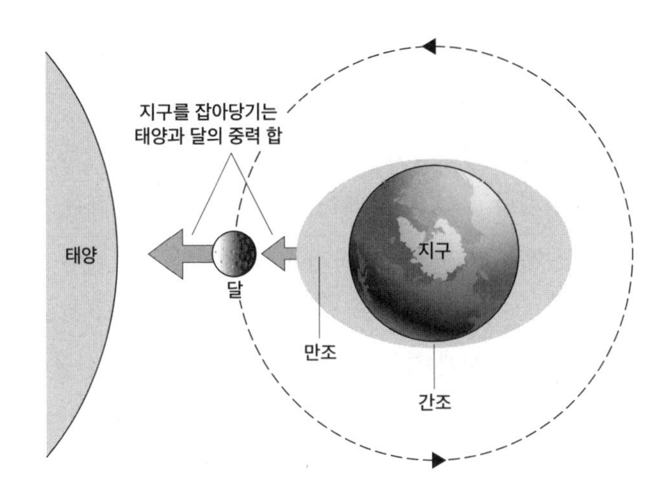

지구의 대양은 달과 태양의 힘을 받아 부풀어 오른다.
달이 지구에 미치는 힘이 태양이 미치는 힘보다 두 배 크다.

로 늘어나면서 우물에서 물을 빨아들여 우물물의 수면을 낮추고, 간조 때는 아래로 압축되면서 우물로 물을 내뱉어 우물물의 수면을 높인다.

암석도 조수 운동을 한다는 또 다른 관측은 좀 더 최근에 제네바 부근에 있는 길이가 26.7킬로미터나 되는 거대 강입자 충돌기LHC, Large Hadron Collider에서 나왔다. 강입자 충돌기 고리에서는 반대 방향으로 회전하는 두 양성자 빔이 빛의 속도의 99.9999991퍼센트에 달하는 아주 빠른 속도로 회전하면서 강하게 부딪친다. 2012년 7월에, 이 두 양성자 빔은 힉스장場의 '양자'인 전설적인 '힉스Higgs' 입자를 생성했다. 힉스 입자는 모든 아원자 입자가 질량을 갖게 하는 입자이다.

거대 강입자 충돌기가 있는 자리에는 원래 거대 전자-양전자 충돌기LEP, Large Electron-Positron Collider라고 하는 다른 입자 가속기가 있었다. 1992년에 LEP를 관리하는 물리학자들은 특이한 일을 경험했다. 가속기 안에서 전자와 양전자가 계속 회전하게 하려면 하루에 두 번, 가속기의 에너지를 조정해야 했던 것이다. LEP 고리의 지름은 하루에 두 번, 1밀리미터 정도 길이가 바뀌었다. 도대체 그 이유를 몰라 한참 고민하던 물리학자들은 마침내 그 이유를 깨달았다. 고리 밑에 있는 암석이 달의 인력 때문에 늘어났다가 줄어들기 때문이었다!

13

소행성 충돌

소행성이 충돌했을 때
공룡이 대피할 수 있는 시간은
10초도 되지 않았다

"공룡이 멸종한 이유는 우주 프로그램이 없었기 때문이다."

래리 니븐, 미국 SF 작가

6600만 년 전에 지구에 부딪혀 공룡을 멸종시켜버린 도시만 한 소행성은 작기도 했지만, 아마도 석탄처럼 시커멓기도 했을 것이다.[1] 지구의 대기권으로 들어와 공기와 마찰하면서 엄청난 빛을 내기 전까지는 지상에서는 소행성이 다가오고 있다는 사실을 알아챌 단서가 없었을 것이다. 초속 17킬로미터로 이동한 소행성이 대기권으로 들어와 지표면에 부딪힐 때까지는 10초도 걸리지 않았을 것이다. 공룡이 재앙에 대비할 수 있었던 시간은 10초도 되지 않았다.

외계 물질과 지구는 놀랍게도 자주 충돌한다. 1908년에는 가옥 한두 채만 한 운석이 시베리아 퉁구스카강 상공 5킬로미터 지점에서 폭발하면서 2000제곱킬로미터 면적의 숲을 납작하게 눕혀 버렸다. 이 운석의 폭발 강도는 히로시마에 떨어진 핵폭탄보다 1000배나 강했다. 2013년에도 러시아 첼랴빈스크 상공 5킬로미터쯤 되는 곳에서 7메가톤급 수소 폭탄에 맞먹는 운석 폭발이 있었다.[2] 그러나 그 정도 크기의 운석은 100년에 한 번 정도의 빈도로 지구 대기로 들어오며, 지름이 1킬로미터쯤 되는 천체는 50만 년에 한 번 정도의 빈도로 지구와 부딪친다. 6600만 년 전에 지구를 강타한 소행성 같은 크기의 천체는 다행히도 1억 년에 한 번 정도의 빈도로 지구를 방문한다.

6600만 년 전에 소행성이 지구와 충돌했다는 증거는 미국 물리학자 루이스 앨버레즈Luis Alzarez 연구팀이 처음 발견했다. 1980년, 앨버레즈 연구팀은 지역을 막론하고 전 세계에 퍼져 있는 6600만 년 된 지층에서는 이리듐층이 존재한다는 사실을 알아냈다.[3] 이리듐은 지표면보다는 운석 같은 외계 물질에 더 풍부하게 들어 있는 원소이다. 따라서 앨버레즈 팀은 6600만 년 전에 지구에 충돌한 소행성 때문에 공룡이 멸종했다는 결론을 내렸다.

앨버레즈 팀의 주장은 중앙아메리카 대륙, 유카탄반도에 있는 칙술루브 연안에서 반쯤 물에 잠겨 있는 크레이터를 발견함으로써 힘을 받았다. 이 크레이터의 지름은 180킬로미터나 됐다. 크레이터에서는 운석 충돌로 생긴 암석 알갱이를 발견했는데, 암석이 부서진 시기는 전 세계에 존재하는 이리듐층이 생성된 시기와 일치하는 것 같았다.

하지만 풀리지 않은 의문은 남아 있다. 소행성이 충돌하기 전에도 공룡은 수백만 년에 걸쳐 개체 수가 줄어들고 있었다.

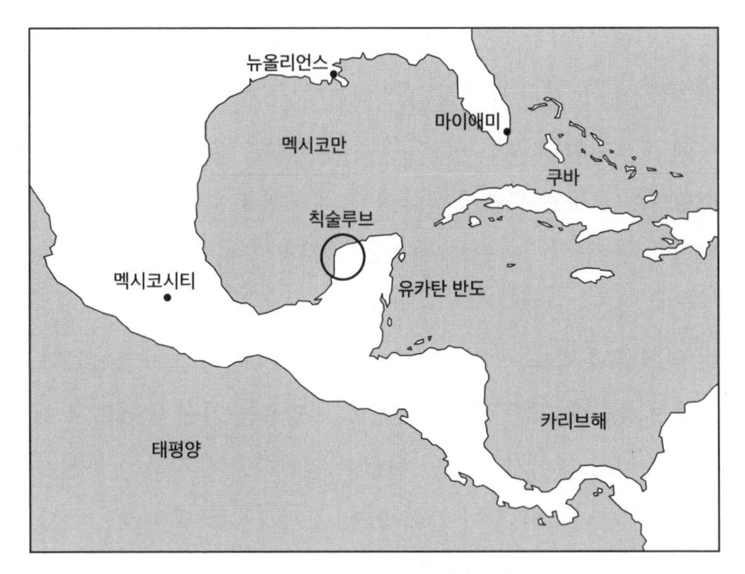

캄캄한 정오: 6600만 년 전, 칙술루브를 강타한 소행성은
지구 생명체를 현대인이 사용하는 화석 연료로 바꾸어 버렸고,
짙은 연기로 낮을 밤처럼 만들어 버렸다.

그 이유는 아마도 전체 면적은 50만 제곱킬로미터가 넘고, 깊이는 2킬로미터인 지역도 있을 정도로 넓고 두툼한 데칸 용암대지와 관계가 있을 것이다. 현재 인도 영토인 데칸 용암대지에서는 엄청난 폭발과 함께 다량의 용암이 뿜어져 나왔다. 용암과 함께 나온 이산화황이 대기를 덮어 태양 복사에너지가 지구로 들어오지 못하게 막자, 차가워진 지구 생태계는 점점 더 공룡이 살기 힘들게 변했다. 따라서 6600만 년 전의 소행성 충돌은 그저 이미 위태로운 상태에 있었던 공룡들에게 마지막 한 방을 날렸을 뿐이라고 생각된다.

그런데 특이하게도 현생 조류로 이어지는 공룡 외에 나머지 공룡 종은 거의 대부분 멸종했는데도, 현재 환경 파괴에 취약해 지표종이라고 부르는 양서류는 수많은 종이 살아남았다.[4] 소행성이 충돌한 뒤에 공룡들을 거의 대부분 죽게 만든 정확한 원인에 관해서는 여전히 결론을 내리지 못하고 있다. 소행성 충돌이 가장 강력한 수소 폭탄 100만 개를 동시에 터트린 것처럼 엄청난 충격을 가했다고 해도 그것은 국지적인 사건이었다. 소행성 충돌에 의한 공룡 대멸종을 설명하는 가설 중에는 소행성이 바다에 떨어져 엄청난 해일이 일었다고 주장하는 가설도 있다. 또한 니켈이 많이 들어 있던 소행성이 폭발하면서 독성을 띤 비가 내렸기 때문에 공룡이 멸종했다고 설명하는 가설도 있다. 그런데 최근에 공룡은 그저 운이 없었을 뿐이라는 흥미로운 연구 결과가 나왔다.

칙술루브에 떨어진 소행성에는 기름 같은 탄화수소가 많이 들어 있었다. 지표면에서 탄화수소가 차지하는 양은 13퍼센트 정도에 불과하다. 소행성이 실어 온 탄화수소는 소행성이 폭발하면서 불이 붙었고, 탄화수소가 타면서 생긴 시커먼 연기 기둥이 성층권까지 솟구쳐 올랐다.[5] 날씨에 영향을 미치지 않는 높이까지 올라간 탄화수소 연기는 수년 동안 비가 되어 지상으로 내려오지 못했고, 그 바람에 지구가 두툼한 탄화수소 구름에 덮히게 되자, 태양 복사에너지가 닿지 않는 지상에는 혹독한 겨울이 찾아왔다.

이제 인류는 지구 역사에서 처음으로 외계에서 날아온 물체가 얼마나 위험한지를 알고 있는 생명체가 되었다. 현재 인류는 지구 궤도를 지나가는 천체 가운데 지구에 부딪혀 재앙을 일으킬 수 있는 수만 개 천체를 감시하고 있다. 하지만 기꺼이 우리에게 올 준비가 된 소행성을 막을 수 있는 기술이 아직 인류에게는 부족하다. 소행성을 파괴해 잘게 부수는 기술은 커다란 소행성을 수많은 조각으로 나눌 수는 있겠지만, 소행성 조각들이 지구로 향하는 것까지는 막지 못한다. 따라서 소행성 위에 착륙하는 것이 더 나은 전략일 수 있다. 소행성에 착륙해 한 방향으로 물질을 분사하면 소행성은 물질 분사 방향의 반대 방향으로 움직일 것이다. 몇 개월 또는 몇 년 동안 꾸준히 물질을 분사하면 소행성이 지구로 향하는 경로를 바꿀 수도 있다. 하지만 아직 그런 기술은 개발할 수 있는 조짐조차 보이고 있지 않으니, 지금으로써는 두 손을 모으고 우리가 공룡만큼 불운하지 않기만을 빌 수밖에 없다. 그리고 우리 생이 10초밖에 남지 않았음을 알게 되었을 때 마지막으로 무슨 일을 할 것인지를 미리 생각해두는 것이 좋겠다.

14

햇빛의 비밀

예상과 달리, 지구에 에너지 위기는 없다

"쉽게 오는 것은 엔트로피뿐이다."

안톤 체호프

지구는 태양이 보내오는 에너지를 몇 퍼센트나 간직할까? 놀랍게도 답은 '전혀 간직하지 않는다.'이다. 지구가 받는 태양 에너지는 100퍼센트 다시 우주로 돌아간다.[1] 그렇지 않다면 지구는 점점 더 뜨거워져서 지표면이 녹아 찐득해지고 말 것이다.

태양 에너지가 전 세계 기술 문명 사회와 지구에 있는 모든 생명체를 먹여 살리는 에너지가 아니라면, 어떤 에너지가 지구를 먹여 살리고 있을까? '가용 태양 에너지usable solar energy'가 이 질문의 답이다. 태양 에너지와 가용 태양 에너지는 미묘하면서도 중요한 차이가 있다. 실제로 지구가 태양 에너지를 어떤 식으로 이용하며, 이용한 뒤에는 어떤 방법으로 우주로 되돌려 보내는가라는 의문은 물리학—정확히는 열역학—의 가장 중요한 탐구 주제 가운데 하나이다.

제일 먼저 생각할 일은 태양에서 날아오는 빛 입자(광자)는 표면 온도가 5500°C인 물체가 발산하는 전형적인 고에너지 광자이고, 지구가 밖으로 내보내는 광자는 그보다 온도가 훨씬 낮은 지구의 평균 지표면 온도인 20°C 물체가 내보내는 저에너지 광자라는 것이다.

두 광자가 지닌 에너지를 직접적이고도 의미 있는 방법으로 비교하려면 켈빈 온도(°K)를 알아야 한다. 이 세상에 존재할 수 있는 가장 낮은 온도인 0°K는 −273°C와 같다.[2] 태양의 표면과 지표면의 켈빈 온도는 각각 5800°K와 300°K 정도 된다. 이는 지구가 방출하는 광자가 지닌 에너지는 태양이 보낸 광자가 지닌 에너지의 12분의 1(300/5800) 정도밖에 되지 않는다는 뜻이다. 지구가 흡수하는 태양 에너지가 전혀 없다는 사실을 생각해보면 지구는 태양에게서 받은 광자 1개 당 12개의 지구 광자를 내보내야 한다는 결론을 내릴 수 있다.

무엇이든, 여러 개보다는 한 개를 추적하는 일이 더 쉽다. 직관적으로 생각해봐도 광자 1개는 광자 12개보다 단순하고 질서 정연할 것이다. 질서 정연한 에너지원은 무질서한 에너지원보다 무언가를 더 잘 해낼 능력이 있다. 과학 용어로 표현하자면 '일을 할 수 있는' 것이다. 다시 말해서 태양이 지구로 보내는 광자 하나가 지구가 우주 밖으로 보내는 광자 12개보다 훨씬 더 많은 일을 한다는 것이다.

여기서 잠깐 흔히 생각하는 것과 달리 그저 19세기 산업 혁명을 이끈 동력 기계가 아니라 우주적으로 정말 중요한 의미가 있는 장치인 증기 기관에 관해 조금 살펴볼 필요가 있을 것 같다. 화학자 피터 앳킨스Peter Atkins는 "음식물 소화부터 예술품

창작 활동에 이르기까지 우리가 하는 모든 행동은 본질적으로 증기 기관의 작동 원리에 갇혀 있다."라고 했다.[3] 이렇게 말할 수 있는 이유는 증기 기관이 가장 기본적인 단계에서 에너지가 어떤 식으로 작동하는지를 제대로 알려주기 때문이다. 어찌나 정확하게 알려주는지, 증기 기관을 연구하다가 열역학이라는 학문을 만들어냈을 정도이다.

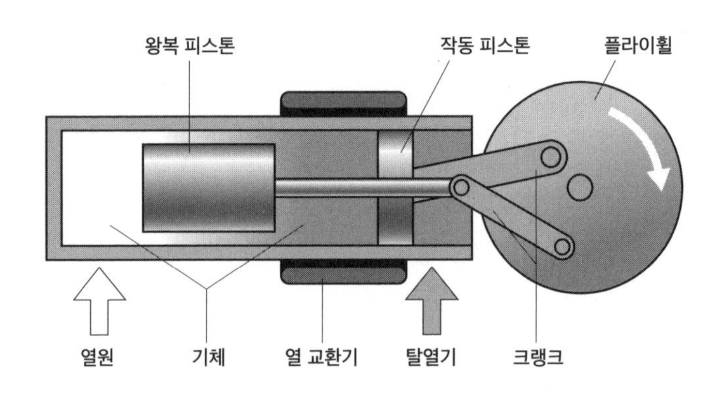

우주에서 일어나는 모든 과정은 궁극적으로 증기 기관의 작동 원리로 설명할 수 있다. 높은 온도로 가열한 수증기는 피스톤을 움직이는 등의 일을 한 뒤에 열을 잃고 온도가 낮아진다.

증기 기관에서 높은 온도로 가열한 수증기는 공기의 압력을 이기고 벽(피스톤)을 밀어 움직이게 한다. 벽을 미는 일을 한 수증기는 열을 잃고 온도가 낮은 액체(물)로 응결된다. 본질적으로 고에너지(이 경우에는 높은 온도)는 일을 하면 저에너지(낮은 온도)가 된다.

온도는 사실 극미 세계에서 일어나는 무작위 운동 상태를 나타내는 척도이다. 수증기(기체 물) 분자는 화가 난 벌떼처럼 모든 방향으로 빠른 속도로 날아다닌다. 수증기의 온도가 높은 이유는 그 때문이다. 피스톤에 부딪혀 피스톤을 앞으로 미는 일을 하는 동안 수증기 분자는 자신들의 무작위 운동을 피스톤의 체계적인 운동으로 일부 전환하면서 속도가 느려진다. 피스톤을 미는 동안 수증기의 온도가 내려가 물로 응결되는 이유는 그 때문이다.

어쩌면 고에너지 수증기는 모두 일을 한다고 생각할지도 모르겠다. 하지만 그렇지 않다. 무작위로 움직이는 수증기 분자 가운데 피스톤이 움직이는 방향으로 움직이는 수증기 분자만이 피스톤을 미는 일을 하며, 다른 방향으로 움직이는 수증기 분자는 아무 일도 하지 않는다. 그 때문에 에너지가 일로 전환될 때의 효율은 절대로 100퍼센트가 될 수 없다는 아주 기본적인 열역학 사실이 성립한다.

유용한 일을 할 수 있는 에너지의 양을 엑서지exergy라고 한다. 낮은 온도의 에너지는 높은 온도의 에너지보다 에너지양이 같아도 엑서지는 낮다. 에너지의 온도가 낮아지면, 일을 할 수 없을 정도로 효율이 떨어진다. 증기 기관에서 응결된 물이나 지구가 우주로 방출하는 광자가 엑서지가 낮은 에너지이다. 간단히 말해서 지구로 날아온 태양의 고엑서지 광자는 기본적으로는 아주 작은 증기 기관이라고 할 수 있는 생물적이고 기계적인 과정들이 일어날 수 있도록 일을 한 뒤에 에너지 능력을 잃어버리고 에너지가 훨씬 낮은 비효율적인 에너지가 되어 우주로 되돌아가는 것이다.

엔트로피entropy라는 용어를 들어본 적이 있을 것이다. 엔트로피는 일정한 부피의 수증기처럼 닫혀 있는 계界의 무질서 정도라고 할 수 있다. 높은 온도의 열에너지를 아주 시끄러운 식당이라고 생각해보자. 출입구에 서서 식당 안에 있는 사람을 소리쳐 부르면 식당이라는 계에 에너지를 더한다. 하지만 이런 외침을 식당에 있는 사람이 들을 가능성은 많지 않다. 이미 엄청나게 시끄러운 곳에서는 약간의 소음을 더해도 무질서도는 크게 증가하지 않는다. 그와 달리 조용한 도서관은 낮은 온도의 열에너지라고 할 수 있다. 식당에 더한 에너지와 동일한 양의 에너지를 도서관에 더하려고 출입구에 서서 도서관 안에 있는 사람을 큰 소리로 부르면 어떻게 될까? 도서관에 있는 사람들이 깜짝 놀랄 것이다. 무질서도가 크게 증가했기 때문이다.

증기 기관에서(지구에서 일어나는 다양한 생물적, 기계적 과정에서) 열에너지가 일을 하면 낮은 온도의 열은 훨씬 무질서해지고, 엔트로피는 증가한다. 무질서한 열은 유용한 일을 할 수 있는 능력이 떨어진다. 이것이 엑서지가 가진 다른 면이다(에너지의 엔트로피가 높으면 엑서지가 낮고, 에너지의 엑서지가 낮으면 엔트로피가 높다).

이제 다시 태양 에너지와 사용할 수 있는 태양 에너지가 갖는 중요한 차이를 살펴보자. 지구는 태양이 보내오는 순에너지는 전혀 사용하지 않을 수도 있지만, 태양이 지구로 보낸 에너

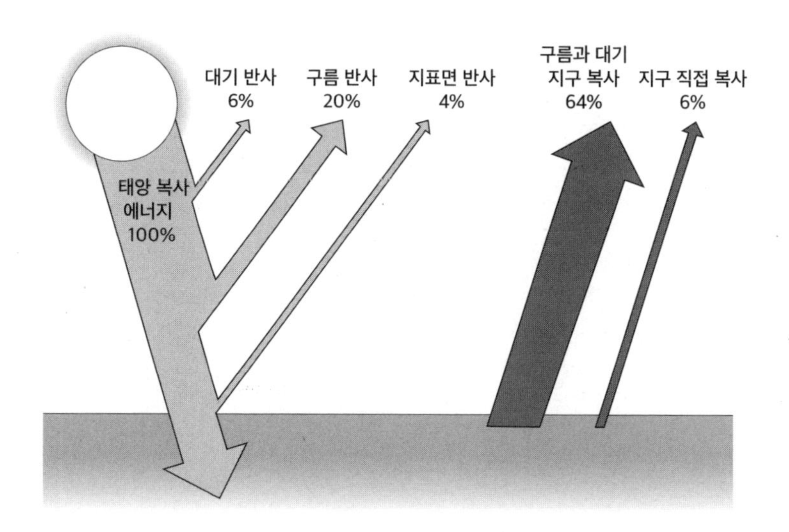

본질적으로 지구는 받은 태양 에너지를 모두 우주로 되돌려 보낸다.

지는 지구에서 일을 할 수가 있다. 증기 기관이 에너지를 사용하는 것처럼 말이다. 지구에서 일을 하는 태양 에너지는 일을 할 때마다 일할 수 있는 능력을 잃는다. 자신이 가진 에너지를 모두 일을 하는 데 쓴 태양 에너지는 결국 일할 수 있는 에너지를 모두 잃은 기진맥진해진 상태로 다시 우주에 버려진다.

제 4 부

태양계 이야기

15

중요한 것은 질량

태양이 바나나로 만들어져 있어도 바뀌는 것은 없다

"태양은 그리스보다 조금 더 큰 불타는 돌이다."

아낙사고라스, 서기전 434년

태양이 바나나로 만들어져 있어도 바뀌는 것은 없을 것이다. 그러니까 크게 바뀔 것은 없을 거라는 뜻이다. 태양은 아주 뜨겁기 때문에 그렇다. 태양이 뜨거운 이유는 믿을 수 없을 정도로 단순하다. 질량이 크기 때문이다. 태양의 중심에 가까이 가는 물질은 모두 그곳에서 압축된다. 자전거 바퀴에 공기를 넣어 본 사람은 알겠지만, 압축된 공기는 뜨거워진다. 태양의 중심 온도는 1500만°C 정도 된다. 그 정도 온도에서는 물질이 플라스마plasma라고 부르는 형체가 없는 상태가 된다. 물질은 종류에 상관없이 태양의 중심 온도 정도에서는 모두 플라스마 상태가 된다.

태양의 구성 원소는 대부분 수소이며, 태양 질량은 1톤에 10억을 세 번 곱한 것만큼이나 크다. 한 장소에 1톤에 10억을 세 번 곱한 질량만큼의 전자레인지나 바나나를 모아놓으면, 둘 다 태양처럼 뜨거워진다. 태양의 온도는 본질적으로 태양을 이루는 물질의 양이 결정하지, 물질의 종류가 결정하지는 않는다는 사실이 중요하다.

그런데 이런 설명은 지금 태양이 뜨거운 이유를 말해줄 뿐이지, 무엇 때문에 태양이 계속 뜨거운 온도를 유지하는지는 말해주지 않는다. 태양은 끊임없이 열을 우주로 방출하고 있는데도, 온도는 거의 변하지 않는다. 그것은 태양에는 열을 잃는 속도만큼 빠른 속도로 열을 채우는 무언가가 있다는 뜻이다.

증기로 동력을 생산했던 19세기에는 태양이 석탄 덩어리라고 생각하는 것이 자연스러웠다. 당연히 태양은 모든 석탄 덩어리의 어머니여야 했다. 문제는 1대 켈빈 남작 윌리엄 톰슨William Thomson이 계산한 것처럼, 석탄으로 만들어진 태양은 오직 5000년 정도밖에는 에너지를 생산할 수 없다는 것이었다. 5000년은 아일랜드 대주교 제임스 어셔James Ussher가 성서의 내용을 근거로 계산한 지구(와 태양)의 탄생일(서기전 4004년 10월 23일 오전 9시) 이후에 흐른 시간보다도 짧다. 태양의 수명이 5000년이라는 계산 결과는 지질학자도 생물학자도 도저히 받아들일 수가 없었다.

산에서 해양 생물 화석을 발견한 지질학자들은 그런 산들은 생성 초기에는 바다 밑에 있었을 것이라는 상당히 근거 있는 추론을 내놓았다. 살면서 산이 높아지는 모습을 목격한 사람은 지금까지 단 한 명도 없는 것으로 보아 산이 지금의 높이에 이를 때까지는 수천만 년이 필요한 것이 분명했다. 생물학자들에게는 지질학자들보다 훨씬 더 긴 시간이 필요했다. 찰스 다윈은 지금 살아가고 있는 수많은 생물이 자연선택에 의해 공동 조상에게서 갈라져 나왔다는 수많은 증거를 제시했다. 살면서 한 생물 종이 다른 생물 종으로 바뀌는 모습을 목격한 사람은 아무도 없었다. 따라서 다윈이 발견한 변화는 수십억까지는 아니라고 해도 최소한 수억 년은 걸릴 아주 느린 과정을 거칠 것이 분명했다.

실제로 태양계를 만들고 남은 잔해인 운석으로 방사선 연대 측정을 하자 지구와—당연하게도—태양의 나이는 45억 5000만 년이라는 결론이 나왔다. 따라서 태양의 수명은 석탄으로 만들어진 물질의 수명보다 100만 배 정도는 더 길어야 했다. 다시 말해서, 태양의 에너지원이 무엇이건 간에 태양의 동력을 만드는 물질은 석탄보다 훨씬 조밀해야 한다는 뜻이었다. 놀랍게도 20세기 초에 그런 힘을 내는 에너지원이 발견됐다. 핵에너지였다.

태양은 이 세상에 존재하는 가장 가벼운 원자인 수소의 핵을 융합해 두 번째로 가벼운 헬륨을 만든다. 이때 수소와 헬륨의 질량 차이만큼이 태양 에너지로 생성되는데, 그 양은 아인슈타인의 유명한 방정식 $E=mc^2$을 따른다. 수소 핵융합 반응 덕분에 태양은 1초에 코끼리 100만 마리에 상응하는 질량-에너지를 빛에너지로 바꿀 수 있다(비교하자면 가장 큰 수소 폭탄의 경우 1킬로그램 정도의 질량-에너지를 다른 에너지로 전환할 수 있는데, 바뀐 에너지는 대부분 열에너지이다).

햇빛을 만드는 태양의 핵반응은 온도에 극도로 민감해서 태양이 식으면 속도가 느려지고 태양이 뜨거워지면 빨라진다. 그런데 태양이 핵반응으로 너무 많은 열을 생성하면, 열을 받은 기체가 그렇듯이 태양은 팽창하고 식어서 핵반응 속도가 느려진다. 핵반응 속도가 느려져 열을 적게 생성하면 태양은 수축하고 가열돼 핵반응 속도가 빨라진다. 태양에는 자체 온도 조절 장치가 있는 것이다. 핵반응은 태양이 질량만으로도 일정한 온도를 유지할 수 있게 해준다. 믿기지 않겠지만, 태양의 온도는 에너지원이 무엇인가와는 전혀 상관이 없다(바나나로 만들어졌다고 해도 태양의 중심 온도가 같은 이유는 그 때문이다).

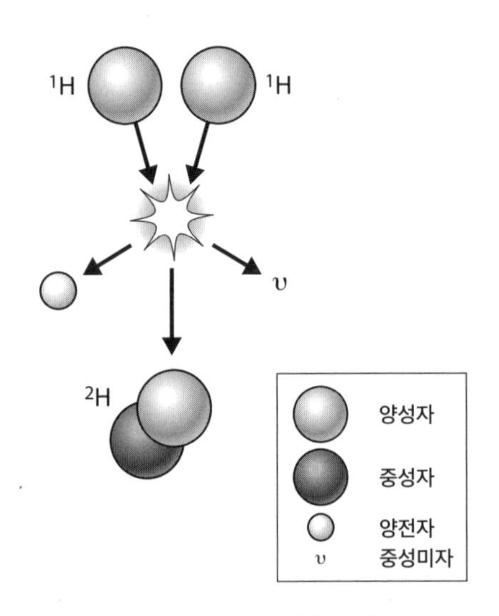

태양이 수소를 헬륨으로 바꾸면서 햇빛을 생성하는
양성자-양성자 연쇄 핵반응의 첫 단계는
100억 년에 걸쳐 진행된다.

헬륨의 원자핵을 합성하는 첫 번째 단계는 태양의 중심부에서 수소 원자핵 두 개가 서로 부딪친 뒤에 달라붙는 것이다. 수소 원자핵이 모두 헬륨으로 변하는 데는 대략 100억 년이 걸린다. 태양이 빛을 낼 수 있는 시간이 100억 년 정도인 이유는 그 때문이고, 현재 태양의 수명은 절반쯤 지났다. 태양이 이용하는 핵반응은 상상할 수 있는 핵반응 가운데 가장 비효율적이다. 사람의 위와 태양의 중심부가 모양도 크기도 같다고 생각해보자. 사람의 위는 같은 크기의 태양 중심부보다 훨씬 빠른 속도로 에너지를 생성한다! 열효율이 아주 낮은데도 어째서 태양은 그토록 뜨거운지 궁금할 것이다. 그 이유는 태양은 사람의 위처럼 작은 물질 덩어리로 이루어진 것이 아니라 셀 수도 없이 많은 덩어리가 겹겹이 쌓여 있기 때문이다.

여름날, 포근한 햇살이 피부를 간질일 때면 지독하게 비효율적인 태양의 핵반응에 정말로 감사해야 한다. 태양이 우리 같은 복잡한 생명체가 진화할 수 있도록 수십억 년 동안 빛날 수 있었던 것은 모두 반응 속도가 그토록 느리기 때문이다.

16

킬러 태양

먼 옛날, 지구 사람들은 태양 플레어에 감전되어……

"태양 플레어가 발생하거나 핵전쟁이 일어난다면
순무 통조림 천 개로는 목숨을 부지하기 힘들 것이다."

사라 로츠[1]

전 세계에서 전신 기사들이 감전됐고, 저위도 지방에서는 피처럼 붉은 북극광이 나타나 한밤중에도 신문을 읽을 수 있을 정도로 밝아졌다.[2] 아마추어 천문학자 리처드 캐링턴Richard Carrington의 이름을 딴 캐링턴 사건Carrington event은 태양에 관한 우리의 생각을 영원히 바꾸어 놓았다.[3] 캐링턴은 런던 남부에서 태양이 폭발하는 모습과 자력계의 눈금이 최대 한계선 너머까지 올라가는 모습을 관찰했다. 1859년 9월 1일 전까지는 우리 항성계의 별은 중력과 따사로운 햇살로만 지구에 영향을 미친다고 믿고 있었다. 하지만 그날 이후로 인류는 태양의 표면(광구)에서 무시무시한 격변이 일어나면 자력 미사일이 우리 행성으로 날아와 엄청난 재앙을 일으킬 수 있음을 깨달았다.

1920년대에 영국 천체물리학자 아서 에딩턴Arthur Eddington 경은 태양의 내부 구조를 유추하고, 태양을 거대한 기체 덩어리라고 가정하면 태양의 중심 온도는 1000만°C가 넘어야 한다는 결론을 내렸다. 에딩턴 추론의 핵심은 태양은 눈에 띌 정도로 크게 팽창하거나 수축하지 않기 때문에 내부의 모든 부분이 완벽하게 균형을 이루어야 한다는 것이었다. 이 같은 '정역학 평형hydrostatic equilibrium' 상태에서는 태양을 이루는 모든 물질 덩어리를 안으로 끌어당기는 중력과 뜨거운 기체가 밖으로 나가려는 팽창력이 완벽하게 상쇄된다. 현재 우리는 태양열이 수소가 헬륨으로 변하는 핵융합 반응으로 생성되며, 그 부산물이 햇빛임을 알고 있지만, 놀랍게도 에딩턴이 내린 결론은 그가 태양열의 에너지원이 무엇인지를 알지 못해도 구할 수 있다. 15장에서 살펴본 것처럼 태양의 중심 온도를 결정하는 것은 오직 태양의 질량으로, 태양은 바나나로 이루어져 있어도 되고, 녹슨 자전거나 폐기 처분한 텔레비전으로 이루어져 있어도 된다. 태양의 에너지원은 물질의 형태와 종류와는 전혀 상관이 없다.

에딩턴의 태양은 예측할 수 있는, 그저 커다랗고 뜨거운 기체 덩어리였다. 그러나 태양에 자기장이 있다는 사실을 알게 되면서 모든 것이 바뀌었다. 그때부터 우리 가까이 있는 항성은 예측하기 어려운 펄펄 끓고 폭발하고 끊임없이 놀라움을 선사하는 극단적인 물리학 실험실이 되었다.

자기장은 움직이는 전하 때문에 생긴다. 평범한 막대자석에서는 원자 안에 있는 전자만 움직이고 원자는 움직이지 않는다. 태양의 자기장을 이해하려면 무엇보다도 태양이 평범한 기체 덩어리가 아님을 알아야 한다. 태양은 원자핵과 자유전자라는, 전하를 띤 기체(플라스마)들로 이루어져 있다. 태양의 플라스마에서는 막대자석의 원자와 달리 자기장을 생성하는 전하를 띤 입자들이 자유롭게 움직인다. 움직이는 전하는 자기장을 바꾸고, 자기장은 전하의 움직임을 바꾸고, 바뀐 전하의 움직임은 자기장을 바꾸는 일이 계속해서 일어나기 때문에……, 소용돌이치는 태양 흑점, 거대한 태양 플레어 같은 현상이 나타난다. 수많은 태양 자기장 현상은 뜨거운 플라스마와 자기장의 복잡한 상호작용 때문에 생긴다.

그런데, 또 한 가지 중요한 요소가 있다. 태양은 단단한 물체가 아니다. 태양의 외부가 회전하는 속도는 내부가 회전하는 속도와 다르며, 외부도 위도에 따라 모두 다른 속도로 회전한다. 그 때문에 태양의 자기장은 계속 꼬이고 뒤틀리면서, 꼬임을 반복하는 고무 밴드처럼 에너지를 저장한다.

태양 표면에서 자기장의 고리가 끊어지는 곳에서는 흑점을 볼 수 있다. 자기장 고리는 태양 표면의 한 지점에서 나와 다른 지점으로 들어가기 때문에 언제나 쌍으로 볼 수 있다. 자기장 고리가 심하게 뒤틀린 곳에서는 자기장이 다른 자기장과 다시 연결되면서 에너지가 폭발적으로 방출해 100만°C에 달하는 플라스마가 태양 플레어의 형태로 태양 표면에서 수만 킬로미터 위로 솟구친다. 태양 표면에서는 시속 100만 마일로 휘몰아치는 태양풍이 태양계 전역으로 자기장을 날려 보내기도 한다. 따라서 지구는 태양의 대기권 안에서 공전하고 있다고 해도 틀

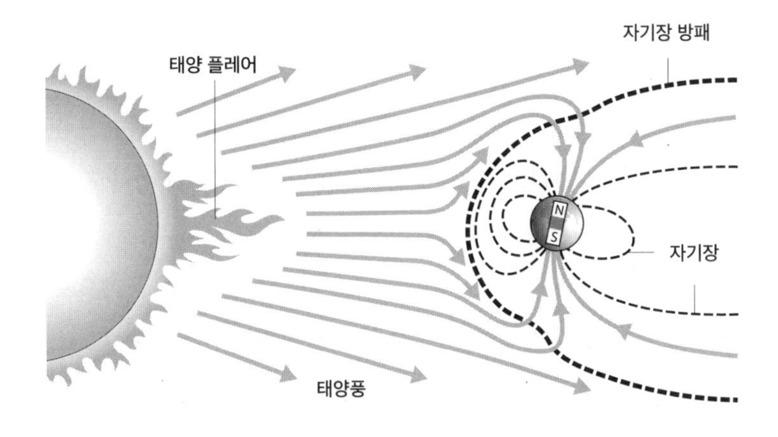

지구는 태양의 대기권 안에서 공전하고 있다고 볼 수도 있다.
지구의 자기장은 과도한 태양의 대기가
지구에 닿지 못하게 막아주는 역할을 한다.

린 말이 아니다. 실제로 태양의 대기권은 태양계의 가장 바깥쪽에 있는 행성을 지나, 눈더미에 충돌하는 제설차처럼 태양풍이 항성 간 물질에 부딪칠 때에야 비로소 끝이 난다. 1977년에 지구를 떠난 미항공우주국의 보이저 1호 무인 우주탐사선은 2012년 8월 25일, 아주 강한 우주선cosmic ray을 감지했다. 우리 은하에서 보내온 고에너지 입자인 우주선을 감지함으로써 보이저 1호는 태양의 대기권을 떠나 실제로 항성 간 우주를 맛본 최초의 인류 탐사선이 되었다.

태양을 제대로 알아야 하는 이유는 그저 학문적인 목적에 그치지 않는다. 지구에서의 생존은 우리에게서 가장 가까이에 있는 항성이 만들어내는 우주 기후를 제대로 예측해낼 수 있는가에 달려 있다. 태양을 닮은 다른 항성계를 관측하면, 항성이 뿜어내는 거대한 플레어가—그런 플레어가 발생하는 경우는 아주 드물지만—지구 같은 행성을 완전히 삼켜버리는 모습을 볼 수 있다. '코로나 자기 분출coronal magnetic eruption'이라고 부르는 것이 더욱 적합할 '코로나 질량 방출coronal mass ejection(이하 CME)'은 아주 심각한 결과를 불러올 수 있다. 우주 공간으로 엄청난 양의 플라스마와 자기장을 미사일처럼 발사하는 CME는 1970년대에 처음 발견했다. CME는 에베레스트산만 한 물질이 여객기보다 500배나 빠른 속도로 분출된다. 역사상 가장 격렬했던 태양 활동인 캐링턴 사건도 CME이라는 사실이 밝혀졌다.

1859년은 세상이 전기 기술에 의존하던 시대가 아니었기 때문에 CME가 인류 문명에 심각한 피해를 주지는 않았다. 하지만 현대 세계는 다르다. 자기장이 변하면 송전선이 녹아 버릴 정도로 큰 전류가 흐를 수 있다. 1859년에는 전기 기사들이 감전됐지만, 1989년 3월 13일에는 퀘벡주에서 변압기가 파손돼 600만 주민이 어둠에 잠겨야 했던 이유는 모두 그 때문이다.[4] 하지만 태양의 자기장 변화가 현대 생활을 위협하는 진짜 이유는, 지구 주위를 돌면서 현대인들의 생활을 책임지는 수많은 인공위성에 영향을 미친다는 데 있다. 태양의 자기장이 변하면 통신위성과 기상위성은 물론이고, 우리의 위치를 알려주며 국제 금융 거래에서 중요한 역할을 하는 범지구위치결정 시스템GPS도 큰 타격을 받는다. 부유한 나라들은 앞으로 올지도 모를 CME를 막을 기반 시설을 갖추려고 애쓰고 있다. 우리가 살아갈 수 있게 해주는 태양이 단 한 순간에 이 세상을 전기가 없던 시절로 되돌릴 수 있다는 생각을 하면 정말 정신이 번쩍 든다.

17

다른 날들의 빛

오늘의 햇빛은 3만 년 전에 탄생했다

"좋은 기억이 내 주위에 다른 날들의 빛을 가져온다."

토머스 무어

과학계가 찍은 가장 놀라운 사진 가운데 하나는 바로 짙은 파란색 배경 위에 아주 작은 귤색 알갱이가 하나 있는 사진이다. 대중 강연을 할 때면 나는 이 사진을 스크린에 띄우고 청중에게 이 작은 원이 무엇인지 물어본다. 사람들은 폭발하는 항성이나 원자, 녹은 금속 공처럼 다양한 대답을 내놓지만—나에게는 너무나도 다행스럽게도—정답을 내놓는 사람은 없다. 그래서 나는 아주 극적으로 정답을 말해줄 수 있다. "이건 태양입니다! 밤에 찍은 거지요."

그러면 분명히 누군가는 묻는다. "잠깐만요. 밤에는 태양이 지평선 밑으로 완전히 내려가잖아요!"

"정확히 옳은 말씀입니다. 이 사진은 하늘을 찍은 것이 아닙니다. 지구 반대편에서 1만 3000킬로미터나 되는 암석을 뚫고 태양을 찍은 겁니다. 빛이 아니라 중성미자를 찍은 거지요."

중성미자는 태양의 중심부에서 빛을 만드는 핵반응이 일어날 때 다량 생산되는 유령 같은 아원자 입자이다. 엄지손가락을 높이 들어 올려보자. 1초라는 짧은 시간에도 1000억 개가 넘는 중성미자가 당신의 손톱을 뚫고 지나간다. 중성미자는 극단적일 정도로 비사교적이기 때문에 우리는 중성미자가 우리를 지나간다는 사실을 전혀 눈치채지 못한다. 중성미자는 일상 세계를 구성하는 원자들과 거의 반응하지 않는다. 수많은 원자가 들어 있는 감지기를 만들어, 중성미자를 멈추는 원자가 단 한 개라도 있기를 바라는 것만이 중성미자를 확인할 수 있는 유일한 방법이다.

지구 암석 너머에 있는 태양은 일본알프스 카미오칸데 광산의 동굴 깊숙한 곳에 설치한 슈퍼-카미오칸데 중성미자 관측소에서 촬영했다. 카미오칸데 관측소의 모습을 알고 싶다면 10층 높이에 물을 가득 채운 거대한 구운 콩 통조림 캔을 떠올려보자. 태양을 떠나온 중성미자는 아주 가끔, 감지기를 통과하다가 물 분자 속에 들어 있는 수소의 원자핵(양성자)과 반응한다. 그 결과 생성된 아원자 파편은 물속으로 폭발해 나가면서 초음속 충격파에 상응하는 빛을 생성한다. 이 '체렌코프 빛Cherenkov light'을 찍은 사진을 본 사람도 있을 것이다. 핵발전소 방사성 폐기물을 저장하고 있는 우물에서 발산하는 파란 빛이 바로 체렌코프 빛이다.

거대한 구운 콩 통조림처럼 생긴 슈퍼-카미오칸데 관측기 내부에는 지름이 50센티미터 정도 되는 백열전구처럼 생긴 장치가 가득 붙어 있다. 슈퍼-카미오칸데 관측소에는 빛 감지기인 이런 '광증폭 튜브photomultiplier tube'가 1만 1146개 설치되어 있다. 어떤 감지기가, 어떤 순서로 밝아지는지를 보면 물리학자들은 체렌코프 빛을 생성하는 중성미자의 경로를 파악할 수 있다.

그런데 사실 정확히 어떤 감지기가 어떤 순서로 밝아지느냐는 그다지 중요하지 않다. 중요한 것은 중성미자는 물질과 반응하는 경우가 없어서 태양을 떠나 우주를 여행하는 동안 거의

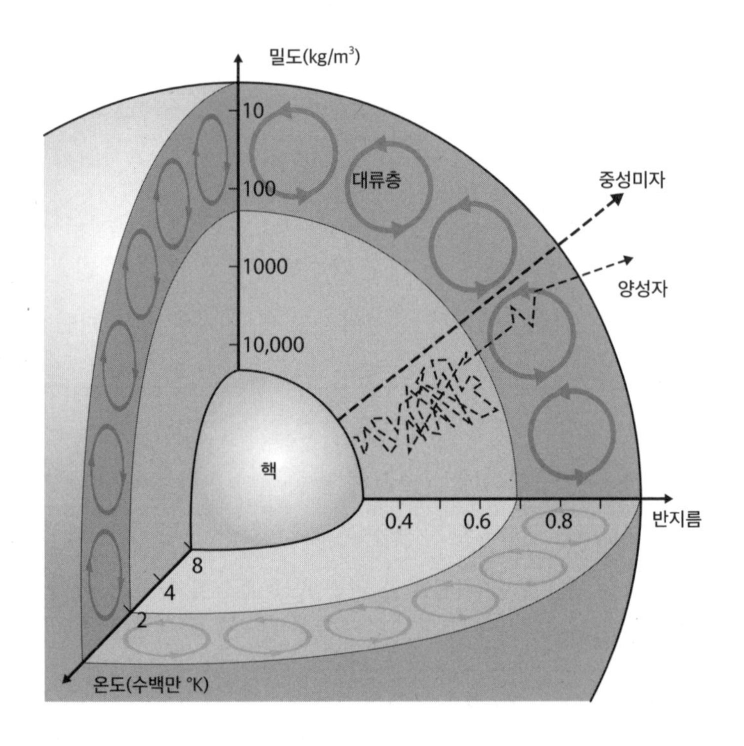

중성미자는 2초 만에 태양의 중심에서 표면까지
이동할 수 있지만, 광자(빛)는 3만 년이 지나야 표면에 닿는다.

방해받지 않고 이동한다는 사실이다. 따라서 태양의 중심부에서 태양의 표면을 향해 출발한 중성미자는 직선 경로로 움직인다. 일단 태양의 표면에 도착하면 중성미자는 8분 30초 정도를 날아서 지구에 도착한다.

다시 엄지손가락을 들어보자. 지금 8분 30초 정도 전에 태양의 중심에서 출발한 중성미자가 손가락을 뚫고 지나갈 것이다.

이제부터는 중성미자처럼 태양의 중심에서 핵반응으로 만들어지는 빛을 살펴보자. 광자는 셀 수도 없이 많은 총알 같은 입자라서 태양의 내부를 뚫고 밖으로 나오기가 쉽지 않다. 광자는 사람으로 가득 찬 거리를 뚫고 물건을 사려는 크리스마스 쇼핑객과 같다. 늘 무언가에 부딪치기 때문에 광자의 이동 경로는 엄청나게 복잡해진다. 태양 안에서 광자들은 1센티미터도 똑바로 가지 못하고 누군가에게 부딪혀 방향을 꺾어야 한다. 우여곡절이 많은 광자의 '태양 중심에서 표면까지의 여행'은 2초밖에 걸리지 않는 중성미자의 여행과 달리 3만 년이나 걸린다. 하지만 일단 태양 밖으로 나오면 8분 30초 정도 만에 지구에 도착할 수 있다.

그러니까 오늘, 지구에 도달한 햇빛은 3만 년 전에 태어난 것이다. 마지막 빙하기가 한창일 때 말이다.[1]

18

떨어짐에 관한 짧은 역사

전혀 그런 것처럼 보이지 않아도,
사실 달은 계속 지구로 떨어지고 있다

"하늘을 나는 요령은 일단 땅을 향해 뛰어내린
뒤에 땅을 피하는 법을 배우는 것이다."

더글러스 애덤스[1]

어째서 인공위성은 땅으로 떨어지지 않아요? 학생들은 이 질문을 자주 한다. 놀랍게도 이 질문의 답은 인공위성은 '떨어지고 있다.'이다. 단지 땅에 닿지 않을 뿐이다! 이런 사실을 제일 먼저 분명하게 깨달은 사람은 17세기에 살았던 아이작 뉴턴이다. 물론 뉴턴은 그때는 발명되지 않았던 인공위성이 아니라 지구의 자연 위성인 달에 관해 생각했다. 뉴턴은 달이 지구 주위를 도는 이유를 곰곰이 생각하다가, 다음과 같은 결론을 얻었다.

수평 방향으로 포탄을 쏘는 대포를 생각해보자. 대포에서 나간 포탄은 아래로 향하는 곡선을 그리며 날아가다가 100미터쯤 되는 거리에서 땅에 부딪힐 것이다. 그렇다면 아주 거대한 대포로 훨씬 빠른 포탄을 발사한다면 어떻게 될까? 곡선 경로를 그리며 날아가는 포탄은 훨씬 먼 거리—1킬로미터 정도?—를 날아간 뒤에 땅에 떨어질 것이다. 자, 이제는 모든 대포의 어머니라고 할 수 있는 어마어마하게 큰 대포로 시속 2만 80킬로미터로 날아갈 수 있는 포탄을 쏘아보자. 포탄은 어마어마하게 빠른 속도로 곡선을 그리며 날아가겠지만, 지표면도 그만큼의 속도로 포탄을 피해 앞으로 나갈 것이다. 결국 포탄은 영원히 땅을 만날 수 없다. 지구 주위를 원을 그리며 돌게 되는 것이다.

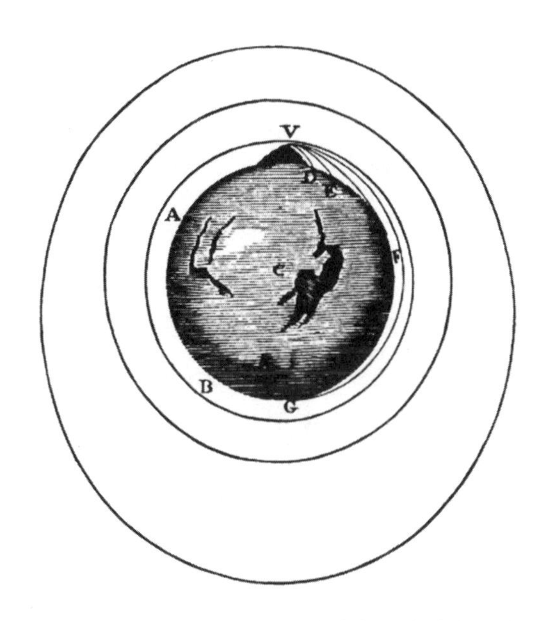

뉴턴의 『프린키피아*Principia*』에 실린 포탄 발사 그림:
수평 방향으로 발사한 포탄은 중력 때문에 결국 땅에 닿는다.
그러나 충분히 빠른 속도로 포탄을 쏘면 포탄이 떨어지는 속도만큼
지표면도 멀어지기 때문에 포탄은 결코 땅에 닿을 수 없다.

뉴턴은 이것이 달이 영원히 지구 주위를 도는 이유라고 생각했다.[2] 뉴턴이 옳았음은 현재 국제 우주 정거장에서 확인할 수 있다. 놀랍겠지만, 우주 정거장 정도의 높이에서 작용하는 중력의 크기는 지표면 중력의 90퍼센트 정도이다. 그런데도 우주 정거장에서 생활하는 우주비행사들은 몸무게가 사라진다. 그 이유는 우주 정거장에 중력이 없기 때문이 아니라 우주 정거장이 계속 떨어지고 있기 때문이다. 자유낙하 하는 사람은 중력을 느낄 수 없다.[3] 운이 없어서 케이블이 끊어진 승강기에 타고 있다면 이 말이 무슨 뜻인지 분명하게 알 수 있을 것이다.

달이 떨어지고 있음을 깨닫는 순간, 뉴턴의 상상력은 엄청나게 도약했다. 뉴턴의 시대에는 지상을 지배하는 법칙과 천상을 지배하는 법칙이 완전히 다르다는 생각이 널리 퍼져 있었지만, 뉴턴은 지상의 법칙과 천상의 법칙이 전혀 다를 바 없다는 주장을 했다. 무엇보다도 뉴턴은 사과를 땅에 떨어지게 하는 힘과 달을 지구에 떨어지게 하는 힘은 같다고 주장했다.

사과와 달을 떨어뜨리는 힘을 비교하면서 뉴턴은 보편 중력 법칙을 확립할 수 있었다. 그리고 보편 중력 법칙이 역제곱 법칙을 따른다는 사실도 발견했다. 두 질량 사이에 작용하는 인력은 거리가 두 배 늘어나면 네 배 약해지고, 거리가 세 배 늘어나면 아홉 배 약해지는 등, 두 물체에 작용하는 힘의 크기는 거리의 제곱에 반비례한다는 사실을 알아낸 것이다.

뉴턴은 그의 '기적의 해'였던 1665년부터 1666년 사이에 보편 중력 법칙을 생각해냈다. 그때 뉴턴은 케임브리지를 위협하던 페스트를 피해 링컨셔주 울스소프에 있는 안전한 가족 영지에 머물고 있었다. 어쩔 수 없는 유배 기간 동안, 뉴턴은 중력의 수수께끼를 풀었을 뿐 아니라 햇빛이 무지개색 빛으로 이루어져 있다는 사실을 발견했고, 미적분도 발명했다.

그런데, 기이하게도 뉴턴은 자신이 중력 법칙을 발견했다는 사실을 거의 20년 동안이나 그 누구에게도 말하지 않았다. 그런 뉴턴이 마침내 중력 법칙을 발표하게 만든 사람은 유명한 혜성에 이름을 남긴 에드먼드 핼리Edmond Halley였다. 핼리는 런던에서 있었던 두 친구—크리스토퍼 렌Christopher Wren과 로버트 훅Robert Hooke—의 논쟁을 잠재우고 싶었다. 렌과 훅은 역제곱 법칙이 작용하는 힘을 받는 물체의 이동 경로를 두고 논쟁을 벌이고 있었다.[4] 1684년 8월에 케임브리지에 있는 뉴턴의 방으로 찾아간 핼리는 이 위대한 인물에게 역제곱 법칙이 작용할 때 물체의 이동 경로는 어떻게 되는지 물었다. 뉴턴은 그 즉시 대답했다. "그거야, 타원 궤도이지. 내가 증명했어."

하지만 아무리 찾아도 역제곱 법칙하에서는 물체가 타원 궤도로 움직여야 함을 증명한 종이를 찾을 수가 없었다. 뉴턴은 핼리에게 런던에 가 있으면 다시 증명한 내용을 정리해서 보내주겠다고 했다. 뉴턴은 약속을 지키는 사람이었다. 몇 달 뒤에 뉴턴이 보낸 아홉 쪽짜리 논문—「궤도를 도는 물체의 운동에 관하여On the motion of bodies in orbit」— 을 받은 핼리는 깜짝 놀랐고, 그 즉시 뉴턴의 논문을 출판해야 한다고 주장했다. 하지만 뉴턴은 중력과 운동에 관해 자신이 아는 모든 내용을 담은 책을 쓰고 싶다며 핼리의 요청을 거절했다. 그리고 18개월 동안 결국에는 『프린키피아』의 출간으로 이어질 엄청난 집필 작업에 착수했다. 과학의 역사에서 『프린키피아』만큼 위대한 저작은 찰스 다윈의 『종의 기원*On the Origin of the Species*』뿐이다.[5]

19

지구를 스토킹한 행성

옛날에는 지구를 둘러싼 고리가 있었다

"태양과 달 가운데 무엇이 더 중요할까?
당연히 달이다. 태양이 빛날 때는 어쨌거나 빛이 있으니까."
러시아 수수께끼

달의 기원은 오랫동안 수수께끼였다. 태양계의 위성 가운데 지구의 위성만이 행성과 크기가 거의 비슷하다. 달의 지름이 지구 지름의 4분의 1임을 생각해보면 지구-달 계界는 거의 이중 행성계라고 해도 될 정도이다.

태양계에 존재하는 위성들은 두 가지 뚜렷한 기원을 갖는 것 같다. 과거 어느 때인가는 그저 우주를 떠돌아다니는 암석 잔해였지만, 어느 날 행성 가까이 다가왔다가 행성의 중력에 잡혀 위성이 된 경우도 있고, 새로 태어나는 태양 주위를 돌던 암석 잔해들이 뭉쳐서 행성이 된 것처럼, 행성 주위를 돌던 잔해들이 뭉쳐서 위성이 된 경우도 있다. 이 두 가지 방법 가운데 하나로 위성이 된 천체는 행성 대 위성의 크기 비율이 지구 대 달의 크기 비율보다 훨씬 작다. 그것이 행성 과학자들이 달이 다른 위성과는 전혀 다르고 독특한 방식으로 탄생했으리라고 추정하는 이유 가운데 하나이다.

지구가 형성된 직후인 45억 5000년 전을 상상해보자. 그때 태양계는 정말로 위험한 곳이었다. 행성의 건축 재료인 거대한 암석이 여전히 아무 곳에서나 엄청난 속도로 날아다니고 있었다. 현재의 화성과 비슷한 크기의 천체인 이런 미행성planetesimal들 가운데 하나는 특히 위험했다. 이 미행성은 지구를 향해 곧바로 날아왔다. 미행성이 지구에 충돌했을 때는 충격이 너무 커서 지구 외피가 모두 녹아서 우주로 날아가는 바람에 지구를 둘러싼 고리가 생성됐다.

많은 사람이 달은 이런 식으로 생성됐으리라고 믿는다. 그리고 아폴로 우주비행사들이 결정적인 증거를 찾아냈다. 우주비행사들이 달에서 가져온 암석의 구성 성분은 이상할 정도로 지구 맨틀의 구성 성분과 비슷했고, 달의 암석의 상태는 강렬한 열기 때문에 수분이 모두 말라버린 것처럼 건조한 지역의 암석보다도 더 건조했다. 이런 증거들은 모두 대충돌 가설이 성립할 때 나올 수 있는 결과들이었다. 문제는 질량이 화성만한 천체가 지구에 부딪혀 지구를 산산조각 내지 않고 달을 만들려면 아주 천천히 다가와 정면이 아니라 비스듬하게 지구에 부딪혀야 한다는 것이다. 그러나 지구의 공전 궤도보다 안쪽이나 바깥쪽에서 태양 주위를 도는 행성들은 지구와 이런 식으로 충돌하기에는 공전 속도가 너무 빠르다.

그럼에도 불구하고 지구의 맨틀이 우주로 날아가 달을 형성했다는 '지구 맨틀 기원설Big Splash theory'은 테이아Theia라고

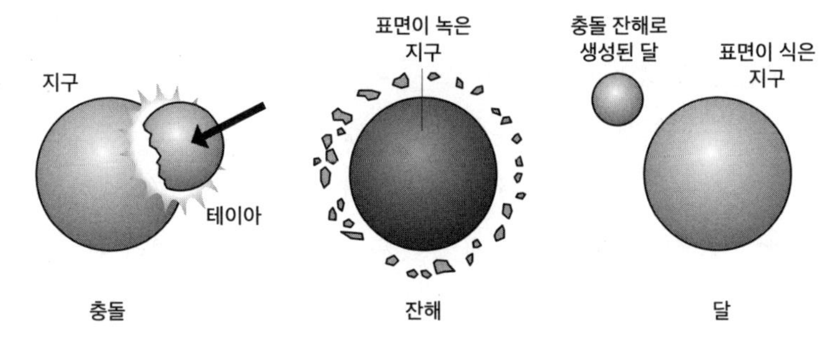

대충돌!: 탄생 직후에 지구는 화성만 한 천체와 충돌했다.
그 때문에 지구 외피가 녹고, 충돌 잔해들이 뭉쳐 달이 되었다.

부르는 화성 크기의 천체가 지구와 같은 공전 궤도를 공유했다면 진실이 될 수 있다. 실제로 테이아가 지구의 공전 궤도에서 지구보다 60도 앞이나 60도 뒤에 있는 안정적인 라그랑주점Lagrange point에서 지구와 함께 공전했다면, 두 천체가 충돌해 달을 만들 수 있다.[1] 수백만 년 동안 테이아는 지구와 충돌할 수 있는 지점에 진입할 기회를 노리고 있었을 것이다.

테이아와의 충돌로 지구 주위에 생긴 고리는 오래 지속되지 않았다. 고리를 형성한 잔해들은 재빨리 식고 점차 엉겨서 새로운 천체(달)를 만들었다. 새로 태어난 지구의 위성은 처음에는 지금보다 10배는 더 가까운 곳에서 지구 주위를 돌면서 1000배는 강한 기조력*으로 지구에 영향을 미쳤다. 하지만 계속 기조력을 사용하는 동안 지구-달 계는 점차 에너지를 잃고

* 인력에 의해 조수나 조류 운동을 일으키는 힘.

약해졌다.[2] 그 때문에 지구의 자전 속도는 느려지고, 달은 지구에서 점차 멀어져 현재 위치로 후퇴했다.

지구-달 계가 보유한 에너지는 계속 사라지고 있다. 지금도 달은 1년에 3.8센티미터 정도 지구에서 멀어지고 있다. 한 사람이 태어나고 죽는 동안에 달이 승용차 길이만큼 멀리 떠나간다는 뜻이다. 이 같은 사실은 미국과 러시아 우주탐사선이 달 표면에 남기고 온 레이저 반사기 덕분에 알 수 있었다. '코너큐브corner-cube'라고 하는 주먹만 한 이 반사기는 표면에 부딪힌 빛을 정확히 빛이 오는 방향으로 되돌려 보낸다. 따라서 지구에서 달까지 빛이 날아간 시간만 알 수 있다면 빛의 속도를 이용해 지구와 달까지의 거리를 알아낼 수 있다.

달 표면에 두고 온 코너큐브는 사람은 달에 간 적이 전혀 없다는 음모론자들의 주장과 정면으로 배치된다. 코너큐브는 미국 우주비행선 아폴로 11호와 14호, 15호가 남기고 왔고, 러시아 무인 탐사선 루노호트Lunokhod 1호와 2호도 남기고 왔다.

루노호트 2호가 남긴 반사기는 가끔 작동했지만 루노호트 1호의 반사기는 거의 40년 동안 어떤 반응도 없었다. 그런데 바로 얼마 전에 달 정찰 관측선Lunar Reconnaissance Observer이 루노호트 1호의 착륙 지점에 남아 있는 반사기 모습을 촬영했다. 달 정찰 관측선은 반사기가 있는 지점의 좌표를 뉴멕시코주에 있는 과학자들에게 전송했고, 2010년 4월 22일, 과학자들이 로노호트 1호의 착륙 지점을 향해 레이저를 발사하자, 놀랍게도 2000개나 되는 광자가 발사 지점으로 되돌아왔다.

다른 위성에 비해 특이하게 큰 우리의 위성은 지구 생명체의 생존에 아주 중요한 역할을 한다. 큰 달의 강한 중력 덕분에 지구는 안정적으로 자전할 수 있다. 지구가 한쪽으로 기울어지면—회전하는 팽이는 한쪽으로 기울어질 때가 많다—달은 자신의 힘으로 지구를 당겨 똑바로 세운다. 지구가 흔들리면 태양이 지표면에 닿는 양도 달라지는데, 달은 지구의 기후가 안정하게 유지되는 데도 기여한다. 달 같은 큰 위성이 없는 화성은 재앙과도 같은 기후 변화 때문에 고통받고 있다. 수십억 년 동안 안정적으로 기후가 유지될 수 있었기 때문에 지구에서 생명체가 진화할 수 있었다. 우리의 큰 달은 바닷물을 강하게 잡아당겨 하루에 두 번 대양의 가장자리를 물로 채우기도 하고 말리기도 한다. 그 때문에 오래전에 높아진 바닷물을 따라 육지로 왔다가 갇혀버린 물고기에게 폐가 생겼다. 결국 달 덕분에 지구 생명체는 육지를 삶의 터전으로 삼을 수 있었다.

달은 과학의 발전도 촉진한다. 개기 일식 때는 달이 태양을 완전히 가려 태양 원반 가까이 있는 항성도 볼 수 있게 해준다. 1919년의 개기 일식은 태양의 중력이 아인슈타인의 중력 이론이 예측한 대로 항성의 빛을 구부린다는 사실을 확인할 수 있게 해주었다. 아이작 아시모프Issac Asimov는 1972년에 발표한 에세이 「달의 비극The Tragedy of the Moon」에서 달이 지구가 아니라 금성의 위성이었다면, 과학은 1000년 더 일찍 융성했을 거라고 주장했다.[3] 금성 주위를 도는 커다란 달을 분명히 볼 수 있었다면 지구가 모든 탄생의 중심이라는 지구 중심적인 생각은 할 수 없었을 테고, 기독교 교회도 다른 생각을 가진 사람의 입을 다물게 할 수는 없었을 테니까 말이다.

제발 나를 쥐어짜 줘!

같은 질량으로 환산했을 때 태양계에서 가장 많은 열을 생성하는 천체는 태양이 아니다

"따라서 나는 수많은 관찰로 대낮처럼 명백하게
확증되었으니, 태양 주위를 도는 금성과 수성처럼,
하늘에는 목성 주위를 도는 별이 세 개 있다는
결론을 주저 없이 내릴 수밖에 없다."

갈릴레오 갈릴레이

같은 질량으로 환산했을 때 태양계에서 가장 많은 열을 생성하는 천체는 태양이 아니다. 거대한 피자처럼 생긴 목성의 위성, 이오이다.

1979년 3월 8일, 미항공우주국의 보이저 1호 우주탐사선은 1980년 말에 토성에 도착한다는 목표를 가지고 목성을 떠났다. 보이저 우주 탐사팀은 목성을 완전히 벗어나기 전에 이오의 사진을 찍고 싶어서 보이저 1호의 머리를 돌려 이오의 사진을 찍었다. 그리고 너무나도 놀라운 모습을 촬영했다. 별이 가득한 배경 위로 조그만 초승달처럼 보이는 이오는 인광성 가스 기둥을 뿜어내고 있었다.

그 뒤 며칠 동안 사진을 분석한 보이저 팀은 이오 위에서 수

이오의 폭발: 거대한 화산이 우주로 물질을 세차게 뿜어내고 있는 이오. 이 목성의 위성은 태양계에서 지질 활동이 가장 활발하게 일어나는 곳이다.

백 킬로미터 높이로 물질을 뿜어내는 거대한 가스 기둥을 여덟 개 구별해낼 수 있었다. 그리고 이오는 400개가 넘는 화산이 활발하게 활동하고 있는, 태양계에서 가장 활발한 지질 활동이 일어나고 있는 천체임이 밝혀졌다. 이오의 표면이 주황색, 노란색, 갈색 같은 다양한 색을 띠어 피자처럼 보이는 이유는 분출공에서 나오는 물질로 덮여 있기 때문인데, 그 모습은 마치 미국 옐로스톤 공원의 간헐천을 떠오르게 한다. 실제로도 이오의 분출공에서는 내부 물질이 녹은 용암이 흘러나오지 않고, 지구에서 간헐천이 지각을 뚫고 나오는 것처럼 지표면 바로 밑에서 뜨겁게 가열된 액체 이산화황이 기체로 바뀌면서 지표면을 뚫고 나오기 때문에 화산이라기보다는 간헐천에 가깝다.

이오가 1년에 우주로 뿜어내는 물질의 양은 100억 톤에 달한다. 이오의 약한 중력에 이끌려 다시 지표면으로 내려앉는 물질은 옐로스톤의 분기공 주변이 그렇듯이 이오의 지표면을 황으로 뒤덮는다. 그것이 이오가 피자처럼 보이는 이유이다. 이오의 지표면에 다채롭고 화려한 색의 황화물이 쌓이는 이유는 분출되는 기체의 온도가 다르기 때문이다.

이오의 지질 활동을 제대로 이해하려면 주변에 있는 천체들(목성과 갈릴레오의 위성들)을 살펴봐야 한다. 이오는 1610년, 갈릴레오가 새로 만든 망원경으로 발견한 갈릴레오 위성 가운데 하나로, 네 위성 가운데 가장 안쪽에서 목성 주위를 돌고 있다. 이오의 공전 궤도는 달의 공전 궤도가 지구에서 떨어져 있는 것만큼 목성에서 떨어져 있다. 그러나 목성의 질량은 지구의 318배나 될 정도로 엄청나게 크기 때문에 27일인 달의 공전 주기와 달리 이오의 공전 주기는 1.7일에 불과하다.

이오를 가열하는 데 중요한 역할을 하는 천체는 이오보다 더 바깥쪽에서 목성 주위를 돌고 있는 두 위성, 에우로파와 가니메데이다. 태양계에서 가장 큰 위성인 가니메데는 태양계에서 태양과 가장 가까운 곳에서 공전하고 있는 행성인 수성보다도 크다. 이오가 목성 주위를 네 번 돌 때마다 에우로파는 두 번, 가니메데는 한 번 공전한다. 그 때문에 두 위성은 주기적으로 나란히 배열해 이오를 한층 더 강한 힘으로 끌어당긴다. 두 위성 때문에 이오의 공전 궤도는 길게 늘어나 이오가 목성에 좀 더 가까이 다가갔다가 좀 더 멀리 물러나는 상황이 반복된다. 이오가 엄청나게 가열되는 이유는 이런 운동을 하기 때문이다.

이오가 거대한 목성을 바라보는 부분과 보지 않는 부분에 작용하는 목성의 중력이 다르기 때문에 이오는 볼록하게 부풀어 오른다. 이오의 공전 궤도가 목성에 가까울 때는 멀 때보다 훨씬 크게 부푼다.[1] 이오의 암석이 위로 올라왔다가 내려가기를 계속 반복하는 것이다. 고무공을 손에 쥐고 반복해서 누르면 고무 공이 뜨거워지는 것처럼 계속 수축하고 팽창하는 이오

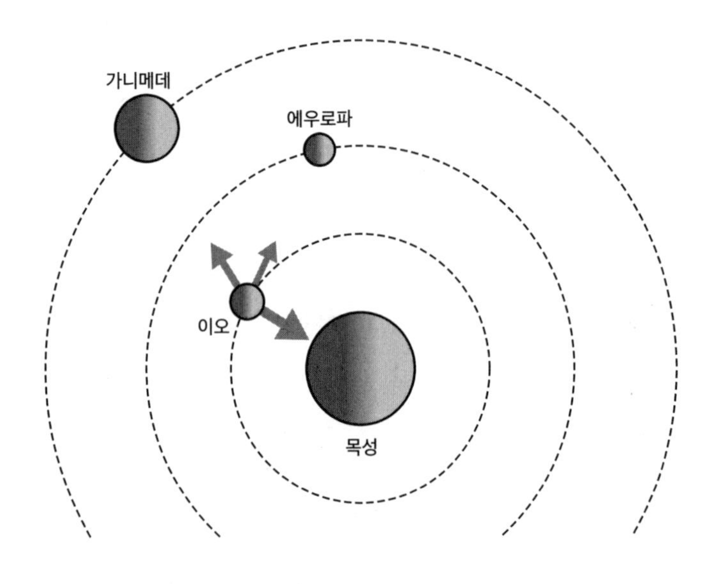

여러 방향에서 잡아당겨지는 이오:
목성, 가니메데, 에우로파의 중력은 이오를 늘리거나 줄인다.

는 뜨거워진다. 실제로 이오의 내부는 녹는점 위로 올라갈 정도로 가열된다.

현재 우리는 다른 항성 주위를 도는 목성형 행성을 수백 개 발견했다. 그리고 그런 행성들에 이오처럼 거대한 위성이 있으리라고 생각할 만한 충분한 근거도 있다. 그런 위성들도 조수 현상으로 중심부가 녹아 있을 수도 있다. 그것은 모항성의 온기가 미치지 않는 먼 거리에 있는 위성의 표면에도 생명체가 존재하려면 반드시 선행되어야 하는 조건인 액체 상태의 물이 존재할 수 있다는 뜻이다. 따라서 우리은하에서 살아가는 외계 생명체는 지구 같은 암석 행성이 아니라 목성형 행성의 위성에서 찾을 가능성이 크다.

21

환상적인 육각형

토성의 북극에는 지구보다 두 배나 큰 육각형 태풍이 분다

"자연의 상상력은 사람의 상상력보다 훨씬 크다.
자연은 절대로 우리가 긴장을 풀지 못하게 한다."
리처드 파인먼

지구의 대기권에서 공기가 순환할 때는 원 경로로 순환한다. 삼각형 태풍을 본 적이 있는가? 사각형 태풍이나 육각형 태풍은? 당연히 본 적이 없을 것이다. 하지만 토성의 북극에서는 전혀 다른 모습을 보게 된다.

2007년에 미항공우주국의 카시니 우주탐사선은 고리형 행성인 토성 위를 날면서 놀라운 사진을 찍었다. 토성의 북극 위에서 거세게 돌아가고 있는, 지구의 지름보다 두 배는 큰 육각형 태풍이었다. 토성의 태풍은 특이하게도 분명히 비슷한 특징을 가지고 있을 토성의 남극에서는 발생하지 않는다. 토성의 남극에서는 지구의 남극 대륙 주위에서 발생하는 구름처럼 중심에 있는 태풍의 눈 주위를 원을 그리며 빙글빙글 돌아가는 태풍만이 발생한다.

토성의 육각형 태풍은 그보다 25년 전에 미항공우주국의

토성의 육각형 태풍은 놀라울 정도로 안정적이다.
이 태풍은 25년 전에 미항공우주국 보이저호가 처음 발견했다.

보이저 1호와 보이저 2호가 처음 발견했다. 벌집을 닮은 이 태풍은 안정된 상태를 유지하며 오래 지속되는 것이 분명했다.

양동이에 액체를 넣고 빠르게 돌아가게 하는 실험에서 육각형 태풍의 생성 원인에 대한 단서를 발견했다. 과학자들은 특정한 상황에서는 액체가 회전하는 형태가 자연스럽게 삼각형이나 사각형, 오각형, 육각형 같은 다각형이 된다는 사실을 발견했다.[1] 이런 변하지 않는 정지파standing wave는 액체가 양동이 벽에 부딪혀 튕겨 나오기 때문에 생기는 것으로 여겨진다. 이 추론을 토성에 적용할 때 풀어야 할 유일한 문제는 토성의 북극 대기는 양동이에 담겨 있지 않다는 것이다.

토성의 자전 속도와 거의 비슷한 속도로 돌아가고 있는 육각형 태풍은 현재 지구에서도 발생하는 제트 기류 때문에 생성됐을 것으로 추정하고 있는데, 토성의 제트 기류는 지구의 제트 기류보다 네 배는 빠르다. 제트 기류는 행성 대기권의 상층부에서 부는 바람의 중심 부분에서 형성된다. 토성의 육각형 태풍의 모든 특성을 분석하지는 못했기 때문에 아직 그 모습을 재현할 수는 없다. 그러나 뉴멕시코 광업 기술 대학교의 라울 모랄레스-후베리아스Raúl Morales-Juberiás 연구팀은 토성의 태풍과 가장 유사한 형태의 모형을 만드는 데 성공했다고 주장한다.[2] 모랄레스-후베리아스 연구팀은 토성의 북극 주위를 회전하는 제트 기류를 구현했다. 연구팀이 이 제트 기류를 회전시키자, 제트 기류는 토성의 자전 속도와 거의 같은 속도로 회전하는 육각형 소용돌이가 되었다.

그럼 이제 문제가 해결되었느냐고? 아직 모든 사람이 받아들일 수 있는 설명은 나오지 않았기 때문에 조금 더 지켜보며 기다려야 한다.

보이지 않는 것들의 지도

천왕성의 원래 이름은……, 조지였다!

"나는 나보다 먼저 살았던 그 어떤
사람보다도 먼 우주를 바라본다."

윌리엄 허셜

천왕성은 1781년에 발견됐다. 영국의 한 마을 바스의 어느 저택 뒤뜰에서, 독일계 프리랜서 윌리엄 허셜이 발견했다.

허셜은 19살 때 여동생 캐롤린과 함께 하노버를 떠나 로마 시대부터 온천으로 유명한 바스에서 교회 오르간 주자로 활동했다. 음악으로 생계를 유지하는 허셜이었지만, 그가 진정으로 열정을 쏟은 분야는 천문학이었다. 바스에서 허셜은 그 시대에 가장 성능이 좋은 망원경을 여러 개 소유하고 있었다. 1781년 3월 13일, 허셜은 그 망원경 가운데 하나로 흐릿하게 빛나는 별을 발견했다. 처음에 그는 그 별이 혜성이라고 생각했다. 그러나 며칠 동안 항성을 배경으로 움직이는 그 별의 이동 경로를 관측한 허셜은 그 별이 긴 타원형 궤도로 움직이는 혜성이 아니라 거의 원에 가까운 궤도로 움직이는 행성임을 알 수 있었다.

허셜은 그때까지 그 누구도 알지 못했던 행성을 발견했다. 망원경의 시대에 처음으로 새로운 세상을 발견한 것이다. 사람들은 오랫동안 토성보다 훨씬 먼 곳에서 태양 주위를 도는 이 행성을 태양계의 최외각 행성이라고 믿었다. 하룻밤 사이에 허셜은 태양계의 크기를 두 배로 확장했다.

이민자로서의 신분을 분명하게 자각하고 있던 허셜은 자신이 새로 택한 나라에서 인정받고 싶다는 욕구가 강했다. 그래서 자신이 발견한 행성에 영국 왕 조지 3세의 이름을 딴 '조지'라는 이름을 붙였다.[1] 그 이름이 받아들여졌다면 태양계의 행성은 태양부터 가까운 순서대로 수성, 금성, 지구, 화성, 목성, 토성……, 그리고 조지가 되었을 것이다!

하지만 프랑스 과학자들은 새로운 행성에 영국 왕의 이름을 붙인다는 사실에 격렬하게 반대했고, 행성의 이름은 '허셜'이 되어야 한다고 주장했다. 독일 천문학자 요한 보데Johann Bode가 영국과 프랑스의 다툼을 중재하고 나서면서, 새로운 행성의 이름은 토성에 이름을 제공한 로마의 농경 신 사투르누스Saturnus의 아버지이자 하늘의 신인 우라노스라고 짓자고 제안했다. 그렇게 새로운 행성은 천왕성이라는 이름을 얻었다.

그런데 사실 천왕성은 한 세기 전에 영국 천문학자 존 플램스티드John Flamsteed가 이미 발견했다. 1690년에 이 행성을 발견하고도 항성이라고 잘못 생각한 플램스티드는 천왕성에 34 타우리Tauri라는 이름을 붙였다. 황소자리 34번째 별이라는 뜻이었다.

천왕성은 일찍 발견했기 때문에 상당히 오래전부터 이동 경로를 관측하고 공전 궤도를 파악할 수 있었다. 하지만 천문학자들이 천왕성의 공전 궤도에 이상한 점이 있음을 깨달은 것은 19세기가 되어서였다. 천왕성은 뉴턴의 중력 법칙이 예측하는 대로 타원형 궤도를 그리며 공전하지 않았다. 뉴턴의 법칙을 이용해 천왕성의 이동 방향을 예측하는 일은 번번이 실패했다.

그때, 프랑스 천문학자 위르뱅 르 베리에Urbain Le Verrier가 등장했다. 르 베리에는 천왕성보다 훨씬 먼 곳에서 거대한 중력으로 천왕성을 끌어당겨, 천왕성의 공전 궤도를 흩트리는 미지의 행성이 있다고 추론했다. 이 미지의 행성의 위치를 찾으려면 무시무시하게 복잡한 계산을 해야 했지만, 엄청난 노력 끝에 마침내 르 베리에는 행성이 있는 곳을 파악할 수 있었다. 문제는 프랑스 천문대 소장을 설득해 행성을 찾아보게 할 방법이 없다는 것이었다. 프랑스에서는 더는 희망이 없었던 르 베리에는 1846년 9월 18일, 베를린 천문대에 있는 요한 갈레Johann Galle에게 도움을 구하는 편지를 썼다.

그때 갈레는 한 해 전에 르 베리에에게 자신이 쓴 논문을 읽어달라고 보낸 적이 있었다. 하지만 르 베리에는 논문을 보내주어 고맙다는 답장조차 하지 않았다. 다행히 갈레는 원한을 품는 사람이 아니었다. 베를린 천문대 소장, 요제프 프란츠 엥케Joseph Franz Encke도 프랑스 천문대 소장처럼 별다른 소득도 없는 일에 망원경을 쓰겠다는 요청이 탐탁지 않았다. 그러나 9월 23일은 자신의 쉰다섯 번째 생일이기도 했고, 망원경을 쓸 일도 없었기 때문에 갈레가 22센티미터 구경 반사망원경을 사용할 수 있게 해주었다.

1846년 9월 24일 새벽, 관측을 시작하고 한 시간도 되지 않아 갈레와 갈레의 제자 하인리히 다레스트Heinrich d'Arrest는 정확히 르 베리에가 예측한 곳에서 새로운 행성을 찾았다. 이것은 과학의 역사에서 정말로 충격적인 순간이었다. 그전까지는 있을 거라는 생각조차 못했던 천체의 존재를 예측할 수 있게 된 것이다. 뉴턴의 중력 이론은 밤하늘에서 볼 수 있는 천체의 움직임뿐 아니라 밤하늘에서는 볼 수 없는 천체의 움직임까지도 설명하고 있었다. '보이지 않는 것들의 지도'까지 작성해둔 것이다.

새로 찾은 행성의 이름은 해왕성이 되었다. 해왕성은 전 세계를 놀라게 했고, 르 베리에를 슈퍼스타로 만들었다.[2] 새로운 행성을 찾아 큰 성공을 맛본 르 베리에는 이번에는 자신이 불카누스Vulcanus라고 부른 수성보다 태양에 가까운 미지의 행성을 찾는다는 헛된 노력을 하게 된다.[3]

뉴턴의 중력 이론은 계속해서 선물을 내놓은 이론임이 밝혀졌다. 암흑물질은 현대판 해왕성이라고 할 수 있다. 눈에 보이는 항성과 은하를 끌어당기는 중력을 근거로 우리는 이 우주에는 보이지 않는 암흑물질이 보이는 물질보다 6배나 더 많다는 사실을 알고 있다. 그러나 아직, 암흑물질의 정체는 밝혀지지 않았다.

고리의 제왕

갈릴레오는 토성을……, 귀가 달린 행성이라고 생각했다

"내가 가장 좋아하는 과학 가설은 토성의 고리는 모두
분실한 비행기 수화물로 이루어져 있다는 것이다."
마크 러셀, 미국 정치 비평가

과학사에서 갈릴레오 갈릴레이는 높이 솟아 있는 거인이다. 수많은 사실을 발견한 갈릴레이의 업적 가운데는 진자(추)가 완벽하게 일정한 주기로 진동한다는 사실과, 중력을 받으며 낙하하는 물체는 질량에 상관없이 정확히 같은 속도로 떨어진다는 사실이 있다. 하지만 1610년에는 새로 만든 자신의 망원경으로 토성을 관찰하고, "토성에는 귀가 있다."라는 엉뚱한 주장을 하기도 했다. 1611년에는 그 주장을 철회하고 토성의 양쪽에 토성 크기의 3분의 1 정도 되는 위성이 양쪽에 각각 있다고 추론하기는 했지만 말이다. 그런데 1612년에 갈릴레이로서는 실망스럽게도 두 위성이 모두 사라졌다. 그는 자신의 후원자인 토스카나 대공에게 "토성이 자기 아이들을 먹어 버렸습니다!"라는 편지를 썼다. 그런데 두 위성은 1613년에 다시 나타나 갈릴레오를 당혹스럽게 했다.

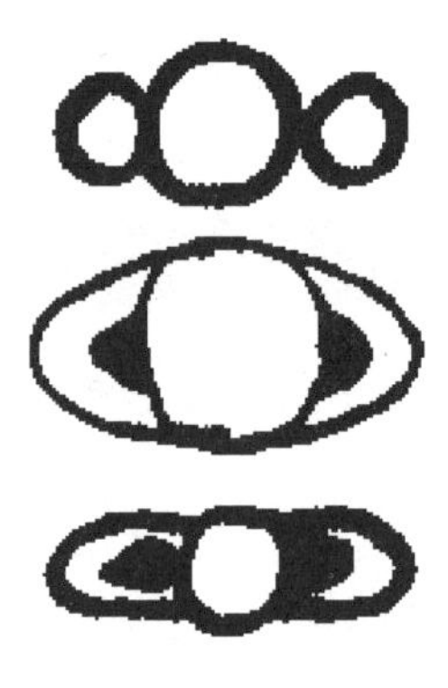

갈릴레오가 그린 토성: 자신이 만든 최신 망원경으로 토성을 관찰한 갈릴레오는 눈 앞에 펼쳐진 광경에 완전히 당황하고 말았다.

안타깝게도 갈릴레오는 자신이 관찰한 토성의 수수께끼를 풀지 못하고 세상을 떠났다. 그가 파도바에서 하늘을 관찰했던 망원경은 토성이 품은 큰 비밀을 밝혀주기에는 성능이 너무 낮았다. 토성의 비밀은 그로부터 50년이 지난 1655년에 네덜란드 과학자 크리스티안 하위헌스Christiaan Huygens가 기존 망원경을 개선해 50배율 망원경을 만들면서 풀렸다. 하위헌스는 토성은 여러 개의 고리에 둘러싸여 있다는 올바른 판단을 내렸다.

현재 우리는 토성 고리의 공전 면이 우리의 가시선line of sight에서 26.7도 기울어져 있음을 알고 있다. 토성의 고리는 회전하는 자이로스코프처럼 일정한 방향을 유지한 채 돌고 있지만, 토성이 태양 주위를 공전하기 때문에 지구에서는 다양한 각도에서 토성의 고리를 볼 수 있다. 29.5년인 토성의 공전 주기 동안 두 번, 우리는 고리의 가장자리만을 보게 되는데, 이때는 고

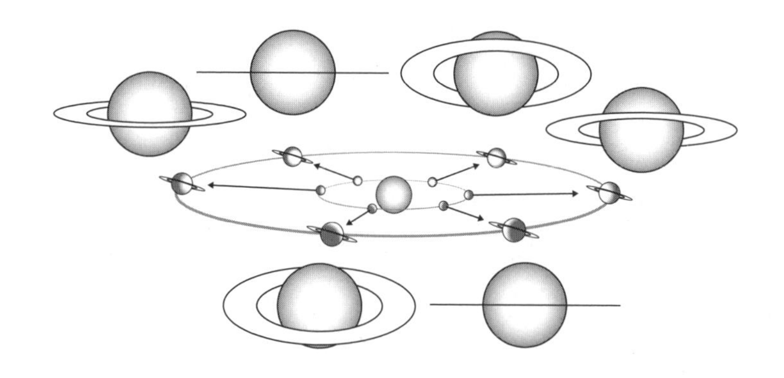

토성의 고리는 우리의 가시선에 기울어진 채로
공전하기 때문에 토성이 태양 주위를 도는 동안 여러
형태로 달라진 토성의 고리를 볼 수 있다.

리가 완전히 사라진 것처럼 보인다. 그리고 가시선과 토성의 고리가 특정한 각도를 이루어 정말로 귀처럼 보일 때도 있다.

태양계에서 고리가 있는 행성은 토성 외에도 세 개(목성, 천왕성, 해왕성)가 더 있지만, 토성처럼 놀라운 고리계를 가진 행성은 없다. 토성의 고리는 토성의 중심부터 14만 킬로미터나 되는 넓은 지역까지 펼쳐져 있다. 지구에 그런 고리가 있다면 지구에서 달까지 거리의 3분의 1 지점까지 고리가 퍼져 있는 것이다.

토성의 고리를 발견하자마자 과학자들에게는 또다시 커다란 의문이 생겼다. 고리는 무엇으로 만들어졌을까? 이 문제를 해결한 사람은 뉴턴의 시대가 끝나고 아인슈타인의 시대가 시작되기 전에 물리학계에서 활약하면서 모든 전기 현상과 자기 현상을 몇 개의 방정식으로 정리하고, 빛이 사실은 전자기파임을 밝힌 제임스 클러크 맥스웰James Clerk Maxwell이었다.[1] 1858년, 맥스웰은 전적으로 수학의 힘을 빌려 토성의 고리가 고체나 액체로 되어 있으면 산산이 부서져서 흩어져야 한다는 사실을 입증해 보였다. 그는 토성의 고리가 모양을 유지한 채 계속 돌 수 있으려면—원한다면 초소형 위성들이라고 해도 좋을—무수히 많은 입자로 이루어져 있어야 한다는 결론을 내렸다.

맥스웰의 추론은 그로부터 100년 이상이 흐른 1980년과 1981년에 각각 토성을 지나간 미항공우주국의 보이저 1호와 보이저 2호가 입증했다. 지구에 있는 천문학자들은 '카시니 간극Cassini division'이라고 부르는 틈으로 벌어져 있는 고리 몇 개만을 관측했을 뿐이지만, 보이저호의 카메라는 수만 개가 넘는 얇은 고리들을 포착해냈다. 토성의 고리는 안쪽에 있는 고리가 바깥쪽에 있는 고리보다 더 빠르게 돌고 있었다. 맥스웰이 내린 결론처럼 토성의 고리는 결코 단단한 한 개의 고체로 되어 있지 않았다.

실제로 토성의 고리는 99퍼센트가 얼음 알갱이다. 토성의 고리가 아름답게 빛나는 이유는 이 얼음 알갱이들이 햇빛을 반사하기 때문이다. 토성의 고리를 이루는 알갱이들은 작게는 모래 알갱이만 하고 크게는 회사 건물만 하다. 가장 밝은 토성의 고리는 끊임없이 모였다가 흩어지기를 반복하는 반사 면적이 큰 입자들로 이루어져 있을 것이다. 이런 입자들은 솜털처럼 생긴 눈송이들의 집합체처럼 보일지도 모른다. 회전하는 고리를 이루는 입자들이 회전하는 층의 두께는 20미터가 되지 않는다. 그것은 토성의 고리들이 지름이 1킬로미터의 원반으로 줄어든다면 날카로운 면도날보다 더 얇아진다는 뜻이다.

토성의 고리를 한데 뭉치면 아마도 지름이 200킬로미터에서 300킬로미터 정도 되는 원 물체가 될 것이다. 토성의 위성 가운데 크기가 중간 정도인 위성이 그 정도 크기이다. 이 같은 사실이 토성 고리의 기원을 밝힐 단서일 수도 있다. 토성의 고리는 어쩌면 토성과 너무 가까운 곳에서 공전하다가 토성의 중력 때문에 산산이 부서진 위성일 수도 있다. 아니면 혜성이나 소행성에 부딪혀 쪼개진 위성일 수도 있다.

소행성 충돌로 생성된 먼지는 시간이 흐르면 빛을 내지 않는다는 사실을 생각해보면 토성의 고리가 빛을 낸다는 것은 토성의 고리가 생성된 지 4억 년이 되지 않았다는 뜻이다. 4억 년이라는 시간은 지구 나이의 10분의 1도 되지 않는다는 점을 생각해 보면 토성의 고리를 볼 수 있는 우리는 정말로 운이 좋았다. 과학자들은 어떤 현상을 설명할 때 운을 들먹이는 걸 싫어한다. 토성의 고리를 이루는 물질들이 끊임없이 뭉쳤다가 운석 충돌로 부서진다면 고리는 보이는 것보다 훨씬 오래전에 형성되었을 수 있다. 거듭되는 뭉침과 깨짐은 눈덩이를 부수고 그 안에 들어 있는 깨끗한 얼음을 꺼내는 일에 비유할 수 있을 것이다.

토성 고리 이야기에는 마지막 반전이 있다. 토성에는 고리가 전혀 없다는 것이다. 실제로 토성에 있는 것은 오래된 레코드 음반의 홈처럼 생긴 여러 개의 소용돌이이다. 토성 고리의 얼음 조각은 진동하는데, 그 진동은 아마도 운석 충돌 때문에 생겼을 것이다. 얼음 조각이 진동하면 밖으로 퍼져나가는 나선 밀도파spiral density wave가 생긴다. 나선 밀도파가 지나가는 자리에서는 입자가 응축되어 일시적으로 고리가 만들어진다. 우리은하의 나선팔도 나선 밀도파 때문에 생겼다. 놀랍게도, 토성의 고리는 그저 우리은하를 엄청나게 압축한 형태라고 할 수 있다.

24

스타게이트 위성

토성의 한 위성에서는 에베레스트산맥보다 두 배나 높은 산맥이…… 한 나절만에 만들어졌다

"세상에, 저 별들 좀 봐!"

아서 C. 클라크, 『2001 스페이스 오디세이』 중 데이브 보먼 선장의 대사[1]

『2001 스페이스 오디세이』에서 '스타게이트(한 은하에서 다른 은하로 이동할 수 있는 문)'로 나오는 이아페투스Iapetus는 토성의 세 번째 위성이다. 아서 C. 클라크가 스타게이트로 점찍은 이아페투스는 얼음 위성으로, 신비롭게도 한쪽 면이 다른 쪽 면보다 거의 10배는 더 밝다. 클라크는 외계인이 만든 인공물이 있을 장소로는 당연히 그 자신이 인공물처럼 보이는 이아페투스가 가장 적합하다고 생각했다.

이아페투스가 야누스처럼 완전히 극과 극의 얼굴을 하고 있는 이유는 아주 오랫동안 천문학계가 풀지 못한 수수께끼였다. 1671년, 천문학자 조반니 도메니코 카시니Giovanni Domenico Cassini가 이 위성을 발견한 뒤로 지금까지 그 이유는 밝혀지지 않고 있다. 하지만 그 이유에 대한 가장 그럴듯한 설명은 불가사의한 외계 생명체와의 조류가 아니라 토성의 독특한 고리계에서 찾을 수 있다.

이아페투스의 수수께끼를 풀 단서는 2004년 12월 31일, 미 항공우주국의 카시니 우주탐사선이 이 위성을 근접 통과할 때 찾았다. 카시니 우주탐사선이 찍은 사진에는 그 어떤 위성보다도 많은 크레이터가 있었다. 사진으로 드러난 이아페투스의 특징은 행성 과학자들을 깜짝 놀라게 했다.

길이가 1300킬로미터나 되는 엄청난 산맥이 이아페투스를 거의 3분의 1가량이나 두르고 있는데, 산맥 곳곳에는 에베레스트산 높이의 두 배를 훌쩍 넘는 20킬로미터는 족히 되는 봉우리가 있다. 이아페투스의 지름 자체는 우리 달의 절반에도 미치지 못하는 1436킬로미터에 불과하다. 이 위성의 긴 산맥은 적도를 바짝 쫓고 있는데, 이런 지형은 태양계의 다른 천체에서는 전혀 볼 수 없다.

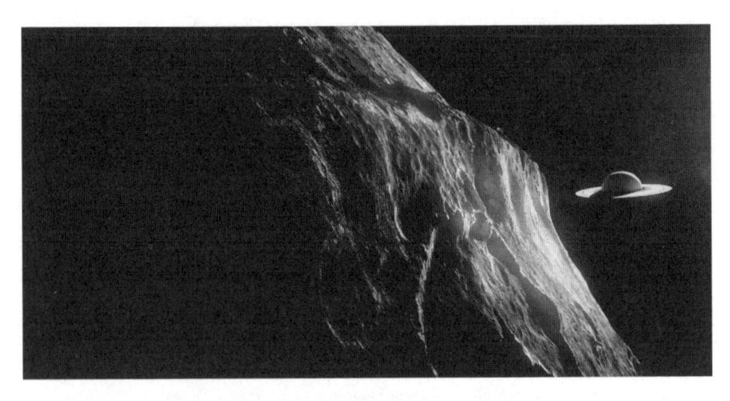

거대한 산맥: 이 거대한 산맥은 이아페투스를 거의 3분의 1가량 두르고 있다.

이렇게 긴 산맥이 적도와 아주 가까운 이유와 이아페투스의 두 면의 색이 완전히 다른 이유는 각기 다른 수수께끼처럼 보이지만, 이 산맥이 아이페투스의 어두운 지역을 완벽하게 둘로 가르고 있다는 사실에 주목해야 한다. 혹시 그 두 수수께끼가 관련이 있는 건 아닐까? 카시니 영상팀의 팀장인 행성 과학자 캐롤린 포코Carolyn Porco는 그럴 가능성이 있다고 생각했다.

푸에르토리코 아레시보 천문대의 천문학자 파울루 프레이리Paulo Freire는 토성의 고리가 두 수수께끼의 원인일 수 있다고 했다. 그는 옛날, 어느 때인가에 이아페투스가 토성의 고리계 가까이 다가간 적이 있을 수 있다고 했다. 토성의 고리는 한 개가 넘는 위성이 부서져 생긴 화석 잔해일 수도 있었다. 토성의 고리는 지름이 20미터에 불과하지만 먼지만큼 작은 입자부터 주택의 테라스만큼 큰 입자까지, 수많은 입자가 뒤섞여 있다. 그런 사실을 고려하지 않고 토성 고리계의 가장자리에 고개를 들이밀었다면 이아페투스는 엄청난 암석 세례를 받았을 것이다. 고리와 위성이 만나는 곳에서 위성 표면으로 엄청난 암석 폭탄이 투하됐을 것이다.[2]

프레이리는 그런 폭격 때문에 비교적 짧은 시간에 엄청나게 많은 물질이 위성 표면에 쌓였으리라고 추정하고, 쌓인 물질의 양을 계산했다. 처음에 그는 이아페투스와 토성의 고리계는 이아페투스가 토성 주위를 도는 데 걸리는 시간인 79일의 아주 적은 일부인 불과 몇 시간 동안만 접촉했을 것이라고 가정했다. 토성 고리를 이루는 물질의 밀도와 이아페투스와 토성 고리계의 상대적 속도(점보제트기의 속도보다 10배 정도 빠른)를 근거로 계산한 결론은 놀랍게도 산맥 1미터당 2500만 세제곱미터의 고리 물질이 쌓여야 한다는 것이었다. 그 정도 퇴적 양이라면 밑부분의 너비가 10킬로미터이고 높이가 5킬로미터인 산등성이를 만들 수 있었다.

이아페투스가 토성의 고리계를 완전히 관통했다면 산맥은 위성의 3분의 1이 아니라 절반을 감쌌을 것이다. 따라서 프레이리는 이아페투스가 고리계에 살짝 들어갔다가 나왔다고 믿는다.

프레이리의 가설이 옳고, 토성의 고리와 부딪쳤기 때문에 몇 시간 만에 에베레스트산보다 두 배나 높은 산맥이 생성된 것이 맞는다고 해도, 산맥이 가르고 있는 이아페투스의 표면이 무엇 때문에 그렇게 시커먼지는 여전히 수수께끼로 남는다. 토성의 고리를 이루는 물질은 적어도 99퍼센트는 깨끗한 얼음이지만(토성의 고리가 밝게 빛나는 것은 그 때문이다), 위성의 표면을 검게 만들 작은 먼지 입자들도 들어 있다. 하지만 산맥에 쌓여야 할 검은 먼지가 위성의 절반을 완전히 덮어버린 이유는 무엇일까? 프레이리는 그 질문에 대한 답은 이아페투스를 구성하는 얼음의 성분에 있다고 했다. 지금도 그렇지만 고리를 이루는 물질에는 고체 이산화탄소(드라이아이스)가 들어 있다. 고리 물질이 위성에 충돌했을 때, 드라이아이스는 기체 이산화탄소가 되면서 작은 위성에 잠시 대기를 만들었다.

이산화탄소는 '승화성 물질'이기 때문에 폭발 등으로 열을 받으면 고체 상태에서 액체 기간을 거치지 않고 곧바로 기체로 변한다. 그 때문에 일시적으로 생긴 대기 안에서 열지만 엄청나게 빠른 속도로 움직이는 바람이 생성돼 산맥에 쌓인 검은 물질을 넓은 지역으로 퍼트린다. 이런 식으로 검은 물질이 퍼져나간다면 산맥과 가까운 곳은 검은 물질이 더 많이 쌓이고, 산맥에서 멀어질수록 검은 물질의 양은 점차 줄어들어야 한다(검은색의 채도도 산맥에서 멀어질수록 낮아져야 한다). 그리고 실제로 이아페투스의 검은 부분은 산맥을 중심으로 점차 옅어진다.

이아페투스가 토성의 고리계와 부딪칠 수 있는 방법은 오직 하나, 위성과 고리가 같은 공전 궤도면에서 움직이는 것뿐이다. 그 경우 산맥은 적도와 나란한 방향으로 생긴다. 하지만 현재 이아페투스와 토성의 고리계는 공전 궤도면이 일치하지 않는다. 따라서 무엇인가가 이아페투스를 지금의 궤도로 떨어뜨린 것이 분명했다. 다른 위성과의 충돌이 그 이유일 수 있다.

토성 주위를 도는 많은 위성이 거의 비슷한 궤도에서 서로 뒤엉켜 돌고 있었다면, 그런 일은 충분히 있을 수 있다. 태양계의 암석 행성들은 거의 비슷한 궤도에서 태양 주위를 돌던 수많은 작은 천체들이 서로 부딪치고 뭉치면서 만들어졌다. 토성의 위성들도 토성 주위를 돌던 작은 물체들이 충돌해 만들어졌다. 이 물체들은 산산이 부서지거나, 다른 위성과 합쳐지거나, 토성계 밖으로 튕겨 나갔다. 상당히 큰 이아페투스만 빼고 말이다.

그런데 이아페투스의 흑백 표면과 거대한 산맥의 생성 원인을 고민한 과학자는 프레이리만이 아니었다. 아주 먼 옛날에 얼음으로 이루어진 천체가 이아페투스와 충돌해 위성을 만든 물질을 내뿜었다고 주장하는 과학자들도 있다. 위성을 도는 위성이 생성됐다는 것이다. 이 과학자들은 이아페투스 주위를 돌던 작은 위성은 나선을 그리며 점점 더 이아페투스에 가까워졌고, 결국 아주 작은 조각들로 흩어지고 이아페투스의 표면에 쌓이면서 거대한 산맥을 형성했다고 주장한다.[3] 이아페투스가 태어났을 때 너무나도 빠른 속도로 자전했기 때문에 물질이 바깥으로 쏠려 적도 부근에 산맥이 형성됐다고 주장하는 과학자들도 있다.[4] 하지만 이아페투스에 스타게이트가 있다고 가정한 가설은 하나도 없다.

제 5 부

본질 이야기

25

손바닥 안의 무한

각설탕만 한 공간에 전 세계 사람들을 모두 집어넣을 수 있다!

"모래 한 알에서 세계를 보고,
야생화 한 송이 안에서 천국을 보려면
손바닥으로 무한을 잡고
한 시간에 영원을 담아라.
윌리엄 블레이크, 「순수의 전조」

각설탕만 한 공간에 전 세계 사람들을 모두 집어넣을 수 있다. 물질은 아찔할 정도로 텅 비어 있기 때문이다. 학교에서 배운 원자 모형을 생각해보자. 원자는 모든 물질을 이루는 기본 구성 재료이다. 학교에서 보여주는 원자 모형들은 대부분 행성이 태양 주위를 돌고 있는 태양계처럼 전자가 가운데 있는 원자핵 주위를 도는 모습으로 그려진다. 그런 식의 모형은 원자 내부가 얼마나 텅 비어 있는지를 제대로 알려주지 못한다. 실제 원자의 구조를 극작가 톰 스토파드Tom Stoppard는 이렇게 묘사한다. "주먹을 쥐어보라. 원자핵이 그 주먹만 하다고 생각하자. 원자는 세인트폴 대성당만 할 것이다. 이 원자가 수소 원자라고 한다면, 수소 원자에 단 한 개 있는 전자는 어디에 있을까? 작은 나방만 할 그 전자는 어느 때는 지붕에 있다가, 어느 때는 제단에 있는 식으로 텅 빈 성당 안을 마음대로 날아다닐 것이다."[1]

원자 내부에서 텅 빈 공간이 차지하는 비율을 퍼센트로 나타내보면 원자의 99.9999999999999%라고 할 수 있다. 따라서 당신은 유령인 셈이다. 우리 모두는 유령이다. 이 세상에 살고 있는 70억 인구를 꾹 눌러 몸에서 빈 공간을 없애버린다면 인류는 모두 각설탕만 한 부피에 들어갈 수 있다(물론 그 무게는 어마어마할 것이다!).

이런 상상은 그저 이론으로만 가능한 판타지가 아니다. 우주에는 내부의 빈 공간을 모두 압축해 제거한 원자들로만 이루어진 물체가 있다. 중성자별neutron star이라고 하는 이 물체는 질량이 엄청나게 큰 항성이 생애 마지막 단계에서 거쳐야 하는 과정이다. 항성이 초신성supernova 폭발로 바깥층을 모두 우주로 날려 보내면, 남은 핵은 역설적이게도 안으로 수축한다(사실 과학자들은 항성 내부가 중심으로 수축하기 때문에 초신성 폭발이 일어난다고 믿고 있다). 그렇게 만들어진 중성자별은 크기는 에베레스트산만 하지만 질량은 태양만 하다. 중성자별을 찾아가 각설탕 크기만큼 중성자별을 잘라내 무게를 재어보면 정말로 70억 인구를 전부 합한 만큼의 질량을 측정할 수 있을 것이다.

하지만 왜 원자는 텅 비어 있을까? 그 답은 아마도 양자 이론에서 찾을 수 있을 것이다. 양자 이론은 원자와 원자의 구성 성분으로 이루어진 초미시 세상을 기술할 수 있는 가장 훌륭한 수단이다. 양자 이론은 지금까지 엄청난 성공을 거두었다. 양

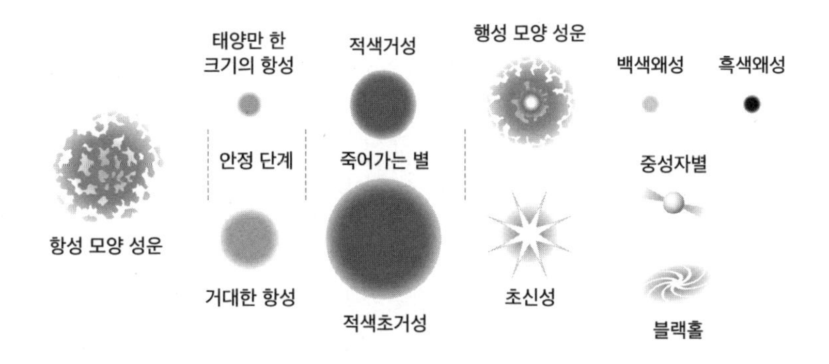

밀도가 엄청나게 큰 중성자별은 초신성 폭발로
생길 수 있다. 중성자별은 각설탕만 한 부피도
인류 전체의 몸무게를 합한 것만큼 무겁다.

자 이론 덕분에 인류는 레이저와 컴퓨터와 원자로를 사용할 수 있게 됐고, 태양이 빛나는 이유와 우리가 땅에 단단하게 발을 딛고 서 있을 수 있는 이유도 설명할 수 있게 됐다. 실제로 양자 이론은 지금까지 고안한 모든 물리학 이론 가운데 가장 성공한 이론으로, 실험에서 밝혀질 내용을 소수점 한참 아랫자리까지 예측할 수 있다. 그런데, 양자 이론은 무언가를 만들고 예측할 수 있는 환상적인 조리법일 뿐 아니라 실재라는 표면 아래 존재하는 앨리스의 이상한 나라를 들여다볼 수 있는 독특한 창도 제공한다. 양자 이론의 세상은 한 원자가 동시에 두 장소에 있을 수 있는 곳이다(당신이 동시에 런던과 뉴욕에 있을 수 있다고 말하는 것과 같다). 아무런 이유도 없이 무슨 일이든 벌어질 수 있는 곳이며, 우주의 양 끝에 떨어져 있는 두 원자가 서로에게 그 즉시 영향을 미칠 수 있는 곳이다.

모든 양자적 기이함은 단 한 가지, 관찰 결과 알게 된 단순한 사실에서 나왔다. 물질의 기본 구성 성분은 기이한 이중성을 갖는다는 사실 말이다. 물질의 기본 구성 성분은 아주 작은 당구공처럼 정해진 경계를 갖는 입자처럼 행동하면서, 동시에 호수 위로 퍼져나가는 물결 같은 파동처럼 행동한다.[2] 이것이 무슨 말일까? 도무지 상상이 되지 않는다. 도저히 그런 존재가 있을 수는 없을 것 같다. 진실은, 전자와 광자 같은 이 세상을 만드는 물질의 기본 구성 성분은 입자도 파동도 아닌, 우리가 사는 일상 세상에서는 비교할 수 있는 것도 없으며, 우리의 언어로는 표현할 말도 없는 무언가라는 것이다. 직접 볼 수는 없고 가까이 있는 벽에 드리운 그림자로만 그 존재를 알 수 있는 물체처럼, 우리는 절대로 양자 세상에 사는 구성원들을 직접은 볼 수 없다. 그저 실험에서 모습을 드러내는 양자 세계만을 볼 수 있는데, 그 모습은 작은 총알 같을 때도 있고, 춤추는 물결 같을 때도 있다.

양자 세계에서 성립하는 아주 중요한 사실 하나는 입자의 크기가 작을수록 양자 파동의 크기는 커진다는 것이다.[3] 우리가 잘 아는 물질 입자 가운데 가장 작은 입자는 전자이다. 따라서 전자의 양자 파동이 제일 크다. 그 때문에 전자는 원자핵보다 훨씬 넓은 공간에서 움직여야 한다. 원자 내부가 대부분 텅 빈 상태인 이유는 전자의 양자 파동이 움직일 공간이 필요하기 때문이다.[4]

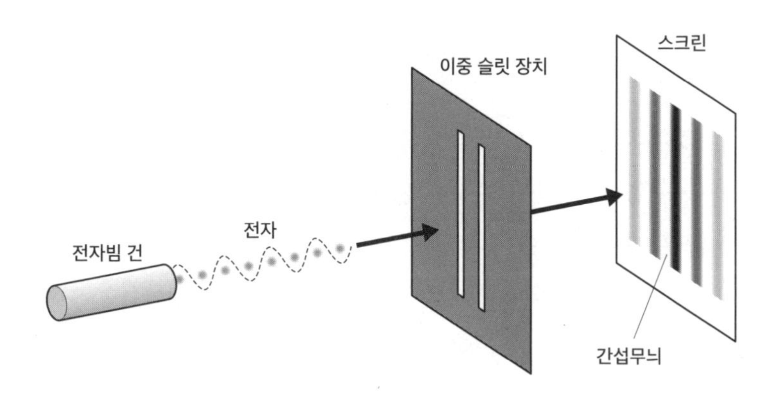

이중 슬릿 실험에서 전자는 파동처럼 행동한다. 두 수직 슬릿(틈)을 각각 통과한 전자의 두 파동은 스크린 위에서 보강 간섭과 상쇄 간섭을 일으켜 간섭무늬를 만든다.

사실 원자는 전자의 파동성 덕분에 존재할 수 있다. 노벨 물리학상을 받은 미국의 물리학자 리처드 파인먼은 "고전적인 물리학 관점에서 본다면 원자는 절대로 존재할 수 없다."라고 했다. 파인먼의 말은 전자기학에 따르면 원자 내부에서 원자핵 주위를 빠른 속도로 도는 전자는 작은 라디오 송신기처럼 끊임없이 '전자기파'를 방출하기 때문에, 1억 분의 1초도 안 되는 짧은 시간에 에너지를 모두 잃고 원자핵을 향해 나선을 그리며 떨어져 내려야 한다는 뜻이다. 전자가 원자핵으로 떨어지면 원자도 붕괴하고 만다. 원자가 존재할 수 없는 것이다.

하지만 이런 설명은 말이 되지 않는다. 원자는 최소한 우주의 나이만큼 존재해왔기 때문이다. 원자는 138억 2000만년 전부터 이 우주에 있었다. 전자기학이 예측한 전자의 수명보다 실제 전자의 수명은 1 뒤에 0을 40개 적어 넣은 것만큼 더 길다![5]

양자 이론은 전자가 원자핵으로 떨어지지 않게 막아주어 원자를 구했다. 전자의 파동은 넓게 퍼져 있고, 언제나 최소한의 공간을 차지하고 있어야 하기 때문에 원자핵으로 떨어지지 않는다. 따라서 원자는 존재할 수 있다(우리가 모두 원자로 만들어져 있음을 생각해보면 이것은 정말 다행스러운 상황이다!).

양자 세계의 기이함을 완벽하게 요약해주는 일화가 하나 있다. 영국 물리학자 J. J. 톰슨Joseph John Thomson은 전자가 입자임을 밝혀 노벨상을 받은 인물이다. 그런데 그의 아들 조지 톰슨George Thomson은 전자가 파동임을 밝혀 노벨상을 받았다. 톰슨 가족이 모임이라도 하는 날이면 아버지와 아들은 격렬하게 논쟁을 벌였을 것이다. "전자는 입자야!"라고 아버지가 소리치면 아들은 "아니요. 절대 그렇지 않습니다."라고 되받아쳤을지도 모르겠다.

단층집에서 살아야 하는 이유

위층에 사는 사람이 아래층에 사는 사람보다 더 빨리 늙는다

"시간에 관해서는 당신에게 할 수 있는 말이 없소.
당신의 시간과 나의 시간은 다르니까."

그레이엄 그린, 영국 작가

위층에 사는 사람이 아래층에 사는 사람보다 더 빨리 늙는다. 이것은 중력이 강할수록 시간은 더 느리게 흐른다고 기술한 아인슈타인의 중력 이론(일반 상대성 이론)의 당연한 결과이다. 한 건물에서 가장 아래에 있는 층은 가장 높이 있는 층보다 지구 질량에 더 가깝기 때문에 당연히 더 센 중력을 받아, 아주 조금이라고 해도 시간이 흐르는 속도가 느려진다(따라서 오래 살고 싶다면 단층집에서 살아야 한다!).[1]

중력 때문에 생기는 시간 지연 효과는 아주 작기 때문에, 시간 지연 현상을 관측하려면 아주 민감한 원자시계가 있어야 한다. 놀랍게도, 2010년, 미국 국립표준기술연구소National Institute of Standards and Technology의 물리학자들이 계단 한 개 높이라도 위에 서 있으면 아래 서 있는 사람보다 더 빨리 나이가 든다는 사실을 밝혔다. 과학자들은 두 계단 위에 아주 정교한 원자시계를

각각 놓고 실험했다.[2]

그렇다면 왜 중력이 강한 곳에서는 좀 더 늦게 늙는 것일까? 아인슈타인이 천재인 이유는 1915년에 중력은 실제로 존재하는 힘이 아니라는 사실을 깨달았다는 데 있다. 정말이다. 중력은 환상이다! 중력이 환상이라는 사실을 받아들이려면 조금 시간이 걸릴 것이다. 하지만 생각해보자. 지금 당신은 우주 공간을 중력가속도 1g로 이동하는 우주선에서 깨어났다. 당신은 발이 우주선 바닥에 붙어 있음을 알고 있고, 지구의 표면에서와 정확히 같은 방식으로 걸을 수 있다. 우주선의 창문은 밖을 내다볼 수 없게 완전히 막혀 있고, 당신이 우주선에 태워졌다는 사실을 알지 못한다면, 아마도 당신은 자신이 지금 지구 위에 있는 오두막 안에 있다는 결론을 내릴 수도 있다. 아인슈타인은 당신이 처한 상황이 중력에 대한 어마어마한 진실을 알려준다고 했다. 중력은 가속도라는 사실 말이다. 우주선 안에서 당신은 중력 때문에 바닥에 붙어 있다고 생각하지만, 사실 당신이 알지 못할 뿐, 당신은 그저 가속 운동을 하고 있는 것뿐이다.

잠깐. 어떻게 그럴 수 있을까?

다시 우주선을 생각해보자. 지금 당신은 선실의 오른쪽에서 왼쪽으로 레이저빔을 수평 방향으로 쏘아 보냈다. 날아가는 레이저빔을 자세히 관찰한다면, 레이저빔이 처음 출발했던 높이보다 살짝 낮은 높이에서 오른쪽 벽에 가서 부딪치는 모습을 볼 수 있을 것이다. 레이저빔이 곡선 경로를 그리며 처음 높이보다 낮은 높이에 닿는 이유는 우주선이 중력가속도 1g의 속력으로 위로 움직였기 때문이다. 물론 당신은 자신이 우주선과 함께 가속도 운동을 하고 있음을 알지 못한다. 지금 당신은 지구에 있는 오두막 안에서 중력을 받고 있다고 생각한다. 그렇다면 레이저빔이 아래로 휘어지는 이유를 어떻게 설명할 수 있을까?

잘 알려진 빛의 특성 가운데 하나는 빛은 항상 두 지점의 최단 경로를 택해 이동한다는 것이다. 완벽하게 평평한 평지에서 걷는 도보 여행자가 두 지점으로 가는 가장 짧은 길은 직선으로 가는 것이다. 그러나 언덕을 걷는 도보 여행자에게 가장 짧은 길은 직선 경로가 아니다. 구불구불한 길이다(하늘 높은 곳에서 나는 새의 눈으로 언덕을 내려다본다고 생각해보자!). 오두막 안에서 레이저빔이 직선이 아니라 언덕을 걷는 것처럼 휘어진 곡선 경로로 나아간다면 당신은 공간이 구부러졌다(휘어졌다)라는 결론을 내릴 수 있다. 지금 당신은 중력을 받고 있다고 생각하기 때문에, 중력이 공간을 구부린다는 결론을 내릴 것이다. 실제로, 아인슈타인이 깨달은 것처럼 중력은 굽은(휘어진) 공간이다.

사실 중력은 휘어진 시공간이다. 1905년에 아인슈타인이 깨달은 것처럼 시간과 공간은 한 가지의 두 가지 다른 측면이다. 시공간은 4차원이지만 우리는 그저 3차원에 살고 있는 존재들이기 때문에 시공간이 굽어 있음을 알지 못한다. 3차원 존재인 인간이 4차원 시공간의 상태를 알아챘다는 것, 그것이 아인슈타인의 천재성이다.

따라서 지구의 표면 위에서, 우리 발이 땅에 달라붙어 있는 진짜 이유는 지구를 둘러싼 시공간이 굽어 있기 때문이라고 설명할 수 있다. 행성은 시공간이라는 계곡의 바닥에 있다. 우리는 이 계곡의 바닥을 향해 가속도 운동을 하면서 떨어져야 하지만, 그 길을 지표면이 가로막고 있다. 지표면이 우리의 발이 아래로 떨어지지 못하게 받치고 있는데, 우리는 이 지표면을 중력을 받고 있다고 해석한다.

중력은 구부러진 시공간이기 때문에 공간을 변형할 뿐 아니라(레이저빔의 이동 경로가 휘어진다), 시간도 바꾼다. 이 같은 사실을 근거로 우리는—마침내!—중력이 강하면 시간이 느려지는 이유를 설명할 수 있게 되었다!

두 거울 사이를 수평으로 왕복하는 레이저빔으로 만든 가상 '시계'를 생각해보자. 레이저빔이 거울에 부딪칠 때마다 '똑', '딱' 소리가 난다. 이 시계가 지표면 위에 있다면, 레이저빔은 두 거울 사이를 완벽한 직선 경로로 움직이지 못하고 구부러진 곡선 경로로 움직인다. 중력은 빛을 구부리기 때문이다.

이제 그런 시계가 두 개 있다고 생각해보자. 한 시계는 다른 시계보다 지표면에서 더 높은 곳에 둔다. 낮은 곳에 있는 시계는 지구라는 질량 덩어리에 좀 더 가까이 있기 때문에 높은 곳에 있는 시계보다 중력을 좀 더 강하게 받는다. 따라서 낮은 곳에 있는 시계의 레이저빔이 높은 곳에 있는 시계의 레이저빔보다 더 심하게 구부러진다. 레이저빔의 이동 경로가 더 많이 굽

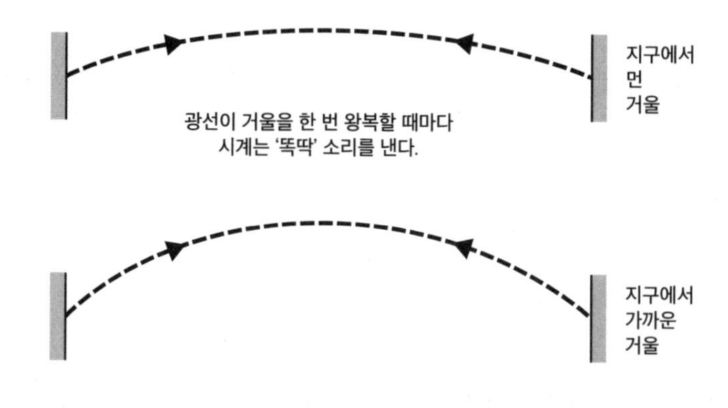

광선이 거울을 한 번 왕복할 때마다 '똑딱' 소리를 내는 시계가 있다고 생각해보자. 지구와 같은 물체 가까이에서는 중력이 더 크기 때문에 공간은 더 많이 구부러져서 '똑딱' 소리가 한 번 날 때까지의 시간이 더 길다. 따라서 중력은 시간을 늦춘다.

을수록 빛이 이동해야 하는 거리가 늘어나기 때문에 레이저빔이 두 거울 사이를 왕복하는 시간도 늘어난다. 따라서 낮은 곳에 있는 시계는 높은 곳에 있는 시계보다 느린 속도로 '똑딱' 소리가 난다. 다시 말해서 중력이 강한 곳에서는 시간의 흐름이 느려지는 것이다.

지금까지 나는 상상하기 쉬운 가장 기본적인 시계를 소개했다. 중력이 이 시계에 영향을 미칠 수 있다면, 사실상 모든 시계에 영향을 미칠 수 있다. 중력이 시간을 늦춘다는 사실을 피해 갈 방법은 없다.

레이저빔 시계에 나타나는 현상이 일상생활과는 전혀 상관이 없다는 생각이 든다면, 다시 생각하는 게 좋겠다. 내비게이션이나 스마트폰은 아주 긴 궤도로 빠른 속도로 지구 주위를 돌고 있는 GPS 위성의 좌표를 근거로 위치를 파악한다. GPS 위성에는 시계가 탑재되어 있는데, 위성이 지구 가까이 다가오면 위성에 작용하는 중력이 강해져 시계가 느려진다. 당신이 차고 있는 전자 장비에 이런 시간 지연 현상을 수정할 장치가 없다면, GPS 위성은 당신의 위치를 제대로 파악할 수 없다.

다시 말해서 우리 가운데 많은 사람이 매일 자신도 모르게 아인슈타인의 일반 상대성 이론이 옳은지를 판단하는 실험에 참가하고 있다는 뜻이다. 아인슈타인의 일반 상대성 이론이 틀렸다면 GPS 시스템은 우리의 위치를 매일 50미터가량 틀리게 가르쳐줄 것이다. 하지만 실제로 GPS는 10년이 흐른 뒤에도 우리의 위치를 5미터 정도의 오차로 정확하게 가르쳐준다. 일반 상대성 이론의 정확성을 분명히 보여주면서 말이다.[3]

중력이 약한 곳에서는 중력에 의한 시간 지연 정도가 크지 않겠지만, 중력이 약한 곳에서는 크게 나타난다. 우리가 알고 있는 가장 강력한 중력원은 블랙홀이다. 엄청나게 거대한 항성이 생애 마지막에 재앙과도 같은 힘으로 붕괴해 형성된 시공간의 바닥이 없는 깊은 구덩이가 바로 블랙홀이다. 만약 당신이 블랙홀의 가장자리인 사건 지평선(시간도 물질도 한 번 떨어지면 절대로 밖으로 나올 수 없는 경계) 근처에 머문다면 시간은 나머지 우주 공간과 비교해서 너무나도 느리게 흘러가기 때문에,

사건 지평선 가장자리에서 블랙홀 바깥쪽을 쳐다보면 앞으로 펼쳐질 우주의 전체 미래가 빨리 감기 한 영화처럼 당신의 눈 앞에 재생될 것이다.

27

믿기 힘들 정도로 강렬하게 폭발하는 모기

그 누구도 눈치채지 못하고 있지만, 우리 모두의 내부에는 상상도 못 할 힘이 들어 있다!

"1만 곳의 산업체와 가정에서 기계를 작동하는 1만 개 엔진은 모두 전자기학에 관한 지식 덕분에 돌아가고 있다."

리처드 파인먼[1]

지금 나는 빈 잼 병을 들고 있다. 대중 강연 때면 들고 가서 높이 들어 올리면서 "여기, 제 반려동물, 모기를 데려왔습니다. 이름은 테리입니다. 테리가 보이시나요? 우리 테리는 아주 작은 친구지요."라고 말한다. 강연이 끝나면 청중 가운데 몇 명은 나를 찾아와서 묻는다. "정말로 그 병에 선생님의 반려동물이, 그러니까 모기가 있습니까?" 테리의 복지를 걱정하면서 "그 친구가 숨을 쉴 수 있게 뚜껑에 구멍은 충분히 내신 거지요?"라며 조금은 놀리듯이 말하는 사람들도 있다.

강연에서 잼 병을 높이 들어 올리면서 나는 늘 테리도 우리 모두처럼 원자로 이루어져 있다고 말한다. 학교에서 배운 것처럼 원자에는 태양에 비유할 수 있는 원자핵과, 태양 주위를 도는 행성에 비유할 수 있는 원자핵 주위를 도는 전자가 있다. 원자핵은 양전하를 띠고 전자는 음전하를 띤다. '다른' 전하를 띤 입자들은 서로 끌린다. 양전하와 음전하가 서로 끌리기 때문에 원자가 만들어진다.

그런 다음에는 나는 청중에게 마법으로 테리의 몸에 있는 모든 전자를 없애면 어떤 일이 생길지 묻는다. 양전하를 띠는 원자핵만 남는다면 어떤 일이 생길지 묻는 것이다. 같은 종류의 전하는 서로 밀어내는 성질이 있다. 따라서 테리는 폭발할 것이다. 그렇다면 문제는 이것이다. 폭발하면서 테리는 얼마만큼의 에너지를 방출할까? 다음 중, 무엇이 답일까?

1) 폭죽만큼의 에너지
2) 다이너마이트 한 개만큼의 에너지
3) 수소 폭탄만큼의 에너지
4) 대량 멸종을 일으킬 만큼의 에너지

폭죽이나 다이너마이트를 택하는 사람은 거의 없다. 대부분은 내가 함정을 심어놓았다고 생각하기 때문에 수소 폭탄을 택한다. 하지만 정답은 4번이다. 테리가 폭발하면 대량 멸종을 일으킬 수 있는 에너지가 방출된다. 6600만 년 전에 지구를 강타해 공룡을 멸종시킨 도시만 한 소행성의 위력을 모기도 낼 수 있는 것이다.

내가 이런 질문을 하는 이유는 우리 몸을 이루는 원자를 한데 모으는 전자기력은 어마어마하게 막강한 힘임을 알려주기 위해서이다. 중력은 강해 보인다. 아무리 힘껏 뛰어도 우리는 간신히 중력을 벗어나 1미터쯤 오르면 다시 땅으로 떨어질 수밖에 없다. 하지만 전자기력은 중력보다 더 세다. 열 배쯤 더 센 것이 아니다. 1000배쯤 더 센 것도 아니다. 100만 배쯤 더 센 것도 아니다. 전자기력은 놀랍게도 중력보다 1만에 10억을 네 번이나 곱한 것만큼 세다.[2]

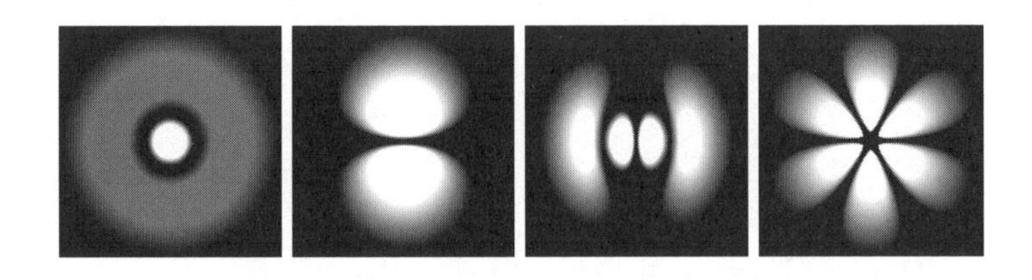

흔히 원자는 작은 태양계처럼 생겼으리라고 생각하지만, 실제로는 훨씬 기이하다. 예를 들어 수소 원자 안에 있는 전자는 전자의 에너지에 따라 여러 형태의 확률 구름으로 존재한다(밝은 부분일수록 전자를 찾을 가능성이 높아진다).

그렇다면 거리를 걷다가 다른 사람 옆을 지나갈 때 두 사람 모두 강력한 전자기력을 느끼지 못하는 이유는 무엇일까? 일단 중력을 한번 생각해보자. 중력에 관한 한 우리가 생각할 힘의 종류는 한 개뿐이다. 중력은 항상 인력으로만 작용한다. 하지만 전자기력은 두 가지 형태의 힘이 있다. 서로 잡아당기는 인력과 서로 밀어내는 척력 말이다. 관례상 전자기력은 양전하와 음전하를 띤 대전체를 상정할 수 있다. 이 세상에 존재하는 평범한 물질들은 양전하와 음전하의 양이 정확히 같기 때문에 인력과 척력이 정확하게 균형을 이룬다. 우리가 살아가는 일상에서 전자기력은 완벽하게 중성이 되는 것이다.

오랜 시간 어쩌면 그럴 수도 있다는 징조는 있었지만, 비교적 최근까지 전자기력 같은 엄청난 힘이 존재하리라는 사실을 그 누구도 예측하지 못한 것은 바로 그 때문이다. 번개를 생각해보자. 번개는 폭풍우 속에서 강력한 상승 기류가 전하를 분리하기 때문에 생성된다. 번개의 생성 원리가 모두 밝혀지지는 않았다. 그러나 구름과 지면의 전하 차이가 아주 커져서 결국 분리된 전하 사이의 힘이 공기의 원자를 쪼개면 다량의 전자가 지면으로 이동하면서 다시 모든 것이 균형을 찾는다.

지난 100여 년 동안 우리는 인공으로 전하의 균형을 깨뜨려 강력한 전자기력을 방출하는 방법을 익혔다. 간단히 말해서, 전하의 불균형을 일으킬 수 있는 능력이 현대 세상이 전기를 마음대로 쓸 수 있는 비결이다.

하지만 어째서 전자기력은 중력보다 1만에 10억을 네 번이나 곱한 것만큼 강한 것일까? 이 질문은 6만 4000달러의 상금이 걸린 문제이기도 하다. 현재 인류는 물질 입자를 한데 묶는 네 가지 기본 힘을 알고 있다. 그리고 이 힘은 한 가지 초강력 힘의 네 가지 다른 측면일 뿐이라는 강한 의심도 품고 있다. 그러나 단 하나의 이론으로, 다시 말해서 단 하나의 방정식으로 그토록 힘의 차이가 많이 나는 네 힘이 사실은 하나의 힘임을 보여주기란 쉽지 않다. 전자기력과 중력이 그토록 다른 이유는 물리학에서 풀어야 할 중요한 의문이다. 이 의문에 답하려고 애쓰는 물리학자들은 알려진 세계의 명확한 경계에 서서 전혀 알지 못하는 안개 낀 미지의 세계를 응시해야 한다.

28

알 수 없음

컴퓨터로는 대부분의 것들을 계산할 수 없다

"컴퓨터는 쓸모가 없다.
컴퓨터는 그저 답을 낼 수 있을 뿐이니까."
파블로 피카소

전자레인지는 언제나 전자레인지이다. 전자레인지가 진공청소기나 토스터, 원자로가 될 수는 없다. 하지만 컴퓨터는 워드프로세서가, 쌍방향 비디오 게임이, 스마트폰이 될 수 있다. 컴퓨터가 될 수 있는 목록은 무궁무진하다. 그 이유는 컴퓨터가 가진 독특한 특징 때문이다. 컴퓨터는 모든 기계를 모방할 수 있다!

하지만 컴퓨터가 할 수 있는 일에도 한계가 있지 않을까? 여기서 영국 수학자 앨런 튜링Alan Turing이 등장한다. 튜링은 나치의 에니그마Enigma 암호를 해독해 2차 세계 대전의 종전을 몇 년이나 앞당긴 것으로 유명한 사람이다. 아직 그 어떤 컴퓨터도 세상에 존재하지 않았던 1930년대에 튜링은 "컴퓨터의 한계는 무엇인가?"라는 질문을 했고, 아주 놀라운 답을 찾아냈다.

가장 근본적인 단계에서 컴퓨터는 기호(상징)를 뒤섞는 기계라고 할 수 있다. 컴퓨터에 높이나 속도 같은 몇 가지 기호를 입력하면 여객선을 운항하는 데 필요한 연료의 양이나 비행기 보조 날개의 각도 변경 값 같은 다른 기호가 나온다. 컴퓨터는 내부에 저장해놓은 지시대로 입력한 기호를 다른 기호로 바꿔 출력한다. 무엇보다도 중요한 것은 컴퓨터 프로그램은 계속 다시 쓸 수 있다는 점이다. 컴퓨터가 다른 기계를 모방할 수 있는 이유도, 컴퓨터가 다재다능한 이유도 모두 그 때문이다.[1]

한 논문에서 튜링은 저장한 프로그램을 기반으로 기호를 섞는 추상 기계를 상상했다. 수와 명령을 비롯한 모든 것은 궁극적으로 이분법으로 환원할 수 있기 때문에 이 추상 기계의 프로그램은 0과 1로만 이루어진 1차원 테이프에 저장되어 있다. 이 추상 기계가 작동하는 방식(한 번에 숫자를 한 개씩 바꾸는 판독 기록 헤드를 이용한)은 그다지 중요하지 않다. 중요한 것은 튜링 기계가 이분법으로 기술한 다른 기계들의 정보를 입력하면, 기계의 종류에 상관없이 그 기계를 구현할 수 있다는 것이다.

전대미문의 능력을 가지고 있기에 튜링은 자신이 상상한 기계를 만능 기계Universal Machine라고 불렀다. 지금은 만능 튜링 기계라고 부른다. 여러분은 이 기계가 컴퓨터라는 생각이 들지 않을지도 모르겠다. 하지만 분명히 컴퓨터이다. 만능 튜링 기계는 상상할 수 있는 가장 간단한 컴퓨터로, 더는 쪼개질 수 없는 컴퓨터의 원자이다.

한 가지 아이러니라면, 튜링이 생각 기계를 고안한 이유는 컴퓨터가 할 수 있는 일을 보여주기 위해서가 아니라 컴퓨터가 할 수 없는 일을 보이기 위해서라는 점이다. 수학자였던 튜링은 컴퓨터의 궁극적인 한계에 관심이 있었다.

고민을 시작하고 얼마 못 가 튜링은 풀 수 없는 문제를 찾아낼 수 있었다. 실제로 고민을 시작한 직후에 그는 아무리 강한 컴퓨터도 절대로 풀 수 없는 과제를 발견했다. 그 과제는 이렇다. 컴퓨터에게 한 가지 프로그램을 입력하면, 컴퓨터는 쳇바퀴를 도는 정신 나간 햄스터처럼 같은 명령을 계속해서 수행하고 또 수행하는 무한 루프에 빠질 것인가, 아니면 결국에는 작업을 수행하지 않고 멈출 것인가?

얼핏 보면 튜링의 '정지 문제halting problem'는 아주 시시한 문제처럼 보인다. 컴퓨터 프로그램이 명령을 받아 계산을 한 뒤에 작동을 멈출 것인지 계속 명령을 수행할 것인지를 보려면, 그저 컴퓨터 프로그램을 실행해보면 된다고 생각할지도 모르겠다. 물론 맞는 말이다. 하지만 컴퓨터가 정지하는 시기가 프로그램 작동 후 1년 뒤라면 어떻게 될까? 100년이나 10억 년 뒤라면? 자, 이제 무엇이 문제인지 눈치챘을 것이다. 결국 컴퓨터 프로그램이 멈출 것인지를 확인하는 유일한 방법은 프로그램을 작동시키기 전에 확인하는 것뿐이다. 그럴 수 있을까? 이 질문에 대한 답은, 튜링이 알아낸 것처럼 '아니다!'이다.

1936년에 튜링은 아주 영리하고 논리적인 추론으로 프로그램이 결국 멈출 것인지 계속 작동할 것인지를 결정하는 것은 불가능하며, 그런 문제는 구현 가능한 컴퓨터의 능력을 뛰어넘는다는 것을, '컴퓨터가 계산할 수 없는' 문제임을 보여주었다.[2]

제아무리 강력한 컴퓨터라고 해도 풀 수 없는 문제가 있다는 사실을 아주 간단하게 찾을 수 있다는 것은 컴퓨터의 미래가 온통 장밋빛은 아니라는 뜻이다. 놀랍게도 거의 대부분의 문제를 컴퓨터로는 계산할 수 없다는 사실이 밝혀졌다. 컴퓨터의 세계는 방향을 알 수 없는 계산할 수 없는 문제들이 잔뜩 떠 있는, 어디로 가야 할지 방향도 알 수 없는 광활한 바다에서 수학자들이 계산할 수 있는 문제들로 이루어진 작은 군도를 발견한 것과 같다.

다행히도 정지 문제는 우리가 컴퓨터를 이용해 풀고자 하는 일반적인 문제(스프레드시트 작성, 스마트폰 작동, 여객선 운항 같은)와는 상관이 없다. 튜링이 찾은 컴퓨터의 한계는 컴퓨터 기술을 구현하는 데 방해가 되지 않는다. 더구나 정말 놀랍게도 컴퓨터는 순수 수학이라는 추상적인 분야에서 상상의 기계로 탄생했지만, 실생활에 무궁무진하게 활용할 수 있는 실용적인 장비임이 입증되었다.

한 가지 부연 설명을 하자면 컴퓨터가 계산할 수 없는 문제가 있다는 튜링의 발견은 그보다 5년 전에 오스트리아 논리학자 쿠르트 괴델Kurt Gödel이 수학에서 한 놀라운 발견과 밀접한 관계가 있다는 것이다.

수학의 모든 분야는 아주 간단한 구조를 공유하고 있음이 밝혀졌다. 수학적 사실, 즉 정리theorem는 논리 규칙을 적용해 알아낸 자명한 사실인 공리axiom로부터 유추한다. 1990년에 독일 수학자 다비트 힐베르트David Hilbert는 논리를 사용해 공리에서 정리를 찾아내는 것은 기계적인 과정이라고 했다. 공리로 정리를 찾는 작업에 수학자는 직관이나 재능을 발휘하지 않는다. 모든 수학 이론은 한 줌의 공리에 논리 규칙을 적용하고 또 적용하면 얻을 수 있다. 힐베르트는 이런 기계적인 과정을 기술하면서 자신도 모르는 사이에 컴퓨터의 작동 방식을 묘사하고 있었던 것이다.

그리고 괴델이 등장했다. 1931년에 괴델은 힐베르트의 희망을 무참히 짓밟았다. 이 세상에는 결코 참인지 거짓인지를 증명할 수 없는 정리가 있음을 보인 것이다. 다시 말해서 '논증할 수 없는' 정리들이 있는 것이다. 무슨 뜻인지를 이해하려면 다음과 같이 생각해보자. 공리는 주춧돌이고 논리는 공리들을 이어 풍선처럼 하늘 위로 높이 날아오를 정리를 만들 발판(비계)이라고 생각해보자. 괴델은 초석과 초석들을 이어주는 발판 없이도 혼자서 훨훨 날아다니는 정리는 언제나 있다고 했다. 물론 더 많은 주춧돌을 추가하는 것도 언제나 가능하다. 그러나 그 결과 닿을 수 없는 새 풍선이 만들어질 수도 있다.

괴델의 논증 불가능성 정리(흔히 괴델의 '불완전성 정리'라고 알려져 있다)는 수학의 역사에서 가장 유명하고도 놀라운 발견 가운데 하나이다. 괴델이 논증 불가능성 정리를 발표했을 때 많은 수학자가 우울증에 걸렸고, 깊이 좌절해 수학자로서의 삶을 포기해 버렸다. 하지만 그들을 비난할 수는 없다. 대부분의 수학 문제를 풀 수 없는 것과 마찬가지로 대부분의 수학 진술은 논증할 수 없을 테니까 말이다. 그것은 마치 입증할 수 없는 진리로 가득 찬 광활한 바다에서 입증할 수 있는 진리의 군도를 잃어버린 것과 같은 상황이다.

하지만 모두 잃어버린 것은 아니다. 정지 문제가 우리가 컴퓨터를 사용할 때 흔히 접하는 문제가 아니듯이 괴델이 제시한 논증할 수 없는 특별한 정리는 수학자들이 잘 찾는 유형의 정리가 아님이 밝혀졌다. 수학자들은 계속 수학 연구를 해나가도 되는 것이다.

그렇다면 문제는 이것이다. 수학자들은 논증할 수 없는 문제들의 바다에서 어떻게 해야 논증할 수 있는 진리를 찾을 수 있을까? 당연히 군도를 이루는 각 섬에서는 논리 법칙을 적용해서는 다른 섬에 닿을 수 없다. 어쩌면 이것은, 몇몇 사람들이 주장하는 것처럼, 사람의 뇌는 컴퓨터보다 뛰어나며, 컴퓨터가 할 수 없는 일들을 할 수 있음을 나타내는 표지일 수도 있다.

설상가상

원자 한 개가 동시에 두 곳에 있을 수 있다. 당신이 런던과 뉴욕에 동시에 있을 수 있는 것이다

"우주는 우리가 생각하는 것보다 더 기이할 뿐 아니라,
우리가 생각할 수 있는 것보다 더 기이하다."

존 버든 샌더슨 홀데인

20세기가 시작될 무렵이면 원자와 원자의 구성 성분이 만드는 세상은 우리가 살아가는 일상과 전혀 다르다는 사실이 밝혀진다. 곰곰이 생각해보면 이런 발견이 놀라울 이유는 전혀 없을 것도 같다. 이 문장 끝에 찍은 온점만 한 표면적에도 1000만 개에 달하는 원자가 들어갈 수 있다. 그러니 그토록 작은 세상에 살고 있는 원자가 탁자나 의자, 사람들과 같은 물리 법칙에 맞춰 행동해야 할 이유는 전혀 없을 것 같다.

그런데 물리학자들이 발견한 것은 미시 세계에 거주하는 존재들은 우리와는 다르게 행동한다는 것만이 아니다. 도저히 불가능할 것처럼 어처구니없는 미친 방식으로 행동한다는 사실도 알아냈다. 독일 물리학자 베르너 하이젠베르크Werner Heisenberg는 말했다. "밤늦게까지 몇 시간이고 토론했지만 절망적으로 끝났던 날을 기억한다. 토론이 끝난 뒤에 나는 홀로 근처에 있는 공원을 거닐면서 거듭 '최근에 우리가 한 원자 실험 결과처럼 자연이 그토록 터무니없는 모습일 수 있을까?'라는 질문을 했다."

현재 우리는 원자나 전자, 광자 같은 물질의 궁극적인 구성 성분들은 독특한 이중성을 보인다는 사실을 알고 있다. 이 물질의 기본 입자들은 작은 당구공처럼 경계가 있는 입자처럼 행동하는 동시에 호수 위에서 퍼져나가는 물결처럼 멀리 확산되는 파동처럼 행동한다. 일상 세계에서는 물질의 기본 입자들처럼 행동하는 물체는 전혀 없으니, 도무지 이해할 수 없다고 해도 걱정할 필요는 없다. 물질 입자의 이중성을 이해할 수 있는 사람은 없으니 말이다.

양자 파동은 정말로 기이하다. 물 위에서 퍼져나가는 물결 같은 물리적 파동과 달리 양자 파동은 슈뢰딩거 방정식에 의해 결정되는 공간을 통해 퍼져나가는 추상적인 수학 파동이다. 양자 파동이 큰 곳(즉, 파동이 올라갔다가 내려가는 진폭이 큰 곳)은 입자를 찾을 가능성(확률)이 높고, 양자 파동이 작은 곳은 입자를 찾을 가능성이 낮다.[1]

자연의 기본 입자들이 입자-파동 이중성을 갖기에 나타나는 한 가지 뚜렷한 결과는 물질의 기본 입자들이 모두 파동이 할 수 있는 일을 할 수 있다는 것이다. 파동은 모퉁이를 돌아갈 수 있다. 파동이 모퉁이를 돌 수 없다면 거리에서 자동차가 내는 역화* 소리를 듣지 못할 것이다. 그런데 일상 세상에서는 놀라울 것이 없지만 미시 세계에서는 엄청나게 놀라운 결과를 내는 파동의 특징이 있다.

바다에 엄청난 파도를 일으키며 몰아치는 폭풍우를 생각해보자. 폭풍우가 지나간 다음 날, 잔잔한 미풍이 불자 바다에는 잔물결이 일었다. 두 파도를 모두 목격한 사람이라면 두 파도가 합쳐질 수 있음을 안다. 표면에 잔잔한 물결이 이는 엄청나게 큰 파도가 있을 수 있음을 아는 것이다. 바로 이것이 파동의 일반적인 성질이다. 두 개 이상의 파동이 존재할 수 있다면, 이 파동들의 조합 또한 존재할 수 있다.

이러한 중첩superposition은 미시 세계에서 볼 수 있는 아주 기이한 현상이다. 공기 중에 산소 원자 한 개를 나타내는 양자 파동이 하나 있는데, 이 양자 파동은 방의 왼쪽에서 파동의 크기가 가장 커진다고 생각해보자. 이 경우, 이 산소 원자를 왼쪽에서 찾을 가능성은 거의 100퍼센트이다. 이번에는 이 양자 파동이 방의 오른쪽에서 파동의 크기가 가장 커진다고 가정해보자. 그렇다면 산소 원자를 오른쪽에서 찾을 가능성이 거의 100퍼센트가 된다. 파동이 두 개 있을 수 있다면, 두 파동은 중첩될 수 있다. 그런데 두 양자 파동의 중첩은 동시에 방의 왼쪽과 오른쪽에 존재하는(즉, 동시에 두 곳에 있는) 산소 원자와 관계가 있다.

---

* 자동차 배기 시스템에서 소규모 가스 폭발이 일어나 순간적으로 화염이 반대 방향으로 유출하면서 발생하는 소음.

자연은 물질의 기본 성분들이 이렇게 기이한 방식으로 행동할 수 있게 허락했지만, 아이러니하게도 그 모습을 실제로 관찰한 사람은 없다. 산소 원자를 방의 한쪽에서 찾아내면 방의 다른 쪽에 원자가 있음을 알려주는 중첩 부분은 그 즉시 붕괴되고(사라지고) 마는데, 무엇 때문에 그런 일이 일어나는지는 아직 그 누구도 정확하게는 알지 못한다. 본질적으로 양자적 실재의 국소적이고 입자적인 모습을 밝히려는 실험을 하면 비국소적이고 파동적인 측면은 자동적으로 사라지고 만다.

자연이 원자가 동시에 두 곳에 있는 상황을 허용했다고 해도, 그 누구도 한 원자가 두 곳에 동시에 있는 모습을 관찰한 적이 없으니, 원자의 이런 특성은 전혀 중요하지 않은 게 아닐까? 라는 생각이 들 수도 있다. 하지만, 사실은 아주 중요하다. 원자의 양자 파동이 만드는 결과가 있기 때문이다. 원자의 이런 특성 때문에 양자적 기이함이 생긴다. 우리가 살아가는 세상이 존재할 수 있는 이유도 바로 원자의 양자 파동 덕분이다.

그러니까, 우리의 세상은 또 다른 파동 현상인 간섭 interference 때문에 존재할 수 있는 것이다. 누구나 물웅덩이에 떨어지는 빗방울을 본 적이 있을 것이다. 빗방울이 수면에 닿을 때면 둥근 원을 그리며 퍼져나가는 파동이 생기는데, 여러 빗방울이 만든 파동들은 서로 겹친다. 두 파동의 마루가 만나는 곳에서는 파동이 커지고, 한 파동의 마루와 다른 파동의 골이 만나는 곳에서는 파동이 사라진다. 두 파동이 겹치는 곳에 수직 장벽을 세우면 파동이 거세지는 부분과 잔잔해지는 부분이 번갈아 나타나는 모습을 볼 수 있다. 실제로 이 실험은 1801년에 영국의 박식가 토머스 영Thomas Young이 했다. 그는 확산하는 두 개의 광원이 겹쳐 한 개의 스크린 위에서 맺히는 장치를 고안했다. 그러자, 놀랍게도 스크린 위에 현대 슈퍼마켓에서 볼 수 있는 바코드처럼 생긴 빛과 어둠이 교차하는 띠무늬가 나타났다. 빛이 파동 현상(간섭)을 나타냄을 보여줌으로써 영은 빛이 파장임을 입증해 보였다. 빛이 파장이라는 사실은 명확하게는 인지할 수 없다. 빛은 연속하는 두 파동의 마루와 마루까지의 거리인 파장이 1000분의 1밀리미터에 불과해 맨눈으로는 거의 구별할 수가 없기 때문이다.

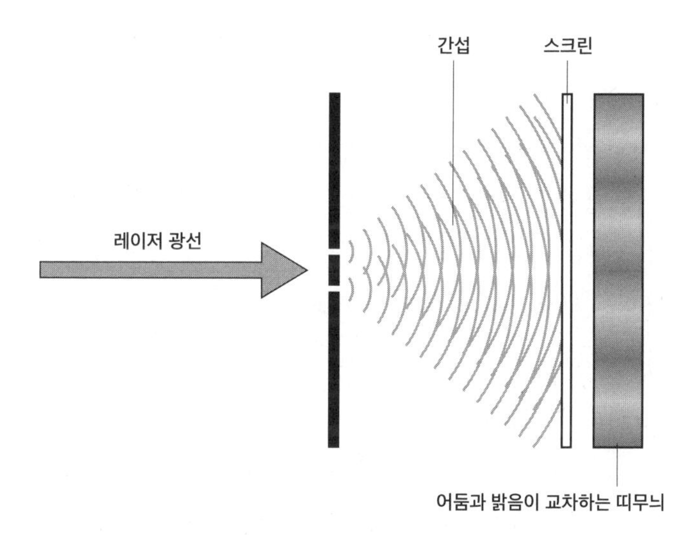

간섭 현상에서 두 광원에서 나온 파동은 서로 겹쳐질 때 보강되거나 상쇄된다. 이 과정은 양자 세계가 일상 세계를 창조할 때면 반드시 있어야 하는 특징이다.

원자가 두 장소에 동시에 있을 때 간섭이 어떤 결과를 만든다면, 그 결과는 무엇일까?

서로를 향해 굴러가다가 부딪친 뒤에 반대 방향으로 튕겨 나가는 두 볼링공을 생각해보자.[2] 시계 판 위에서 출동한 두 볼링공은, 한 볼링공은 1시 방향으로 날아갔고 다른 볼링공은 7시 방향으로 날아갔다. 9시 방향과 3시 방향으로 갔다고 생각해도 된다. 두 볼링공을 수천 번 부딪치게 하면 두 볼링공이 날아가지 않은 시계 방향은 없을 것이다.

그럼 이제, 원자나 전자처럼 미시 세계에 속한 입자들이 충돌한다고 생각해보자. 두 입자를 수천 번 충돌시키면, 놀랍게도 어느 입자도 가지 않는 시계 방향이 생기고, 두 입자가 선호해 계속 택하는 시계 방향도 생길 것이다. 입자가 가지 않는 경로가 생기는 이유는 각 입자와 관계가 있는 양자 파동 때문이다. 시계 판 위에서 두 입자는 어떤 방향에서는 서로 보강 간섭을 일으키지만 어떤 방향에서는 서로 상쇄 간섭을 일으킨다. 보강 간섭을 일으킨 방향에서는 뚜렷한 흔적을 남겨 그곳을 지나갔음을 분명하게 보여주지만 상쇄 간섭을 일으킨 곳에서는 지나간 흔적을 완전히 지워버린다.

실제로 이 실험은 1927년에 미국 물리학자 클린턴 데이비슨Clinton Davisson과 레스터 거머Lester Germer, 스코틀랜드의 조지 톰슨George Thomson이 진행했다. 세 사람은 전자를 니켈 결정판에 튕겨 나오게 했지만 원리는 동일하다. 니켈 결정판에 부딪힌 전자도 특정한 방향으로만 튕겨 나갔고, 전혀 가지 않는 방향이 있었다. 세 사람은 총알 같은 입자인 전자가 파동처럼 행동함을 입증한 것이다. 이 실험 공로를 인정받아 데이비슨과 톰슨은 1937년에 노벨 물리학상을 받았다.

그러니까, 아주 간단한 입자가 충돌하는 경우에도, 양자 파동이 일으키는 간섭은 일상적인 거시 세계에서는 결코 볼 수 없는 특별한 모습을 연출하는 것이다.

그런데 전자를 니켈 결정판에 쏘아 튕겨 나오게 하는 것은 극히 소수의 사람들만이 확인할 수 있는 은밀한 비전祕傳처럼 느껴진다. 일상 세계에서는 정말로 양자 파동의 결과를 볼 수 있는 방법이 없을까? 이 질문에 대해 물리학자들은 우리를 구성하고 있는 원자가 바로 양자 파동의 결과라고 답한다.

25장에서 살펴보았듯이 19세기 물리학의 꽃이었던 전자기학 법칙에 따르면 원자 주위를 돌고 있는 전자는 작은 라디오 송신기처럼 끊임없이 전자기파를 방출해야 한다. 결국 그 때문에 전자는 1억분의 1초도 안 되는 짧은 시간에 가지고 있던 에너지를 모두 방출하고 나선형 궤도를 따라 돌면서 원자핵으로 추락하고 말 것이다. 다시 말해서, 원자는 이 세상에 존재할 수 없는 것이다.

그런 전자의 상태를 구원한 것이 바로 양자 이론이다. 양자 이론은 전자가 넓게 퍼진 파동이기 때문에 원자핵 안으로 압축되어 들어갈 수 없음을 보여주었다. 그런데 물리학에서 이런 상황을 해석하는 방법은 하나가 아니다. 원자 안에서 원자핵 주위를 도는 전자가 택할 수 있는 경로는 아주 많다. 예를 들어 전자는 원자핵 주위를 원 궤도를 그리며 돌 수 있다. 사각형 궤도로 돌 수도 있다. 가장 가까운 별로 날아가 그 별 주위를 돈 뒤에 다시 원래 있던 원자핵 곁으로 돌아올 수도 있다. 전자가 택할 수 있는 경로는 무한하다. 그 모든 가능성은 양자 파동과 관계가 있다. 전자가 무한한 경로를 택할 수 있다는 것은 여러 곳에 동시에 있을 수 있는 것과 정확히 같은 특징일 수 있다.

그런데 여기서 아주 놀라운 사실이 하나 있다. 양자 파동의 무한한 경로를 모두 합치면 원자가 원자핵 가까이에 있을 수 있는 경로는 모두 상쇄되어 사라진다는 것이다. 결국 어떤 경우라도 전자가 원자핵 가까이 다가가 원자가 붕괴할 가능성은 전혀 없다는 뜻이다.

원자가 존재한다는 사실, 그리고 우리가 존재한다는 사실이 전자가 한 번에 여러 장소에 있을 수 있고, 전자가 택할 수 있는 경로가 무한하다는 사실에 기반하고 있다. 양자적 기이함이 없다면 문자 그대로 일상 세계는 존재할 수 없다.

이상한 액체

절대 얼지 않는(게다가 위로 올라가기까지 하는!) 액체가 있다!

"어쩌면 고등학교 첫 화학 시간에 당신이 했던 생각은
옳을지도 모르겠다. 주기율표를 외우는 건 완전히 시간
낭비라는 생각 말이다. 우주에 존재하는 원자 10개 가운데
9개는 가장 기본적인 원소이자 항성의 주요 구성 성분인
수소이다. 그리고 헬륨이 나머지 10퍼센트를 차지하고 있다."

샘 킨, 『사라진 스푼』의 저자

입으로 들이마시면 목소리를 바꾸고 미키 마우스 풍선을 하늘 높이 올려주는 헬륨은 분명히 아주 독특한 물질이다. 액체 헬륨은 절대로 얼지 않을 뿐 아니라, 언덕 위로 달려 올라갈 수 있는 유일한 액체이기도 하다.

헬륨은 이 세상에 존재하는 원소 가운데 두 번째로 많은 원소이다. 실제로 우주에 있는 원자는 10개 가운데 1개가 헬륨이다. 그런 헬륨이 125년 전만 해도 이 세상에 알려지지 않았다는 건 정말로 놀라운 일이다.

헬륨이 사람들에게 발견되지 않고 꼭꼭 숨어 있을 수 있었던 이유는 첫째, 다른 원소와 반응하지 않고(헬륨은 비활성 기체이다), 둘째, 너무나도 가볍기 때문이다. 다른 원소와 반응하지

않으니 화합물에 갇히지 않으며, 너무나도 가벼우니 공기 중에 방출되면 곧바로 우주로 날아가 버린다. 헬륨을 처음 발견한 곳도 지구가 아닌 우주였다.

지구에서 발견하기 전에 헬륨은 태양에서만 관찰할 수 있는 유일한 원소였다. 태양 속에서 헬륨을 찾아낸 사람은 조지프 노먼 로키어Joseph Norman Lockyer이다. 로키어는 세인트 앤드루 골프 클럽의 규칙에 관한 책을 제일 먼저 출간했고, 런던 과학 박물관을 세웠으며, 국제적인 과학 잡지《네이처》를 창간해 50년 동안 편집장을 지냈다. 1868년 10월 20일에 로키어는 윔블던 교외에 있는 사우스 런던 저택의 정원에서 6인치 망원경을 태양에 맞추고 햇빛을 분광기로 분석했다. 태양 홍염(태양의 표면에서 분출하는 고리형 불기둥)의 스펙트럼에는 정체를 알 수 없는 노란 선이 보였다.

같은 해, 프랑스 천문학자 피에르 쥘 세자르 장센Pierre-Jules Cesar Janssen도 인도에서 이 노란 선을 발견했다. 로키어와 장센은 실험실에서 여러 물질을 가열해 이 노란 선을 나타내는 원소를 찾으려고 애썼지만, 모두 실패했다. 결국 1870년, 로키어는 이 정체를 알 수 없는 노란 색 스펙트럼을 나타내는 물질이 지구에서는 발견한 적이 없는 미지의 원소라는 과감한 주장을 펼쳤다. 헬륨의 존재를 제안함으로써 로키어는 엄청난 비웃음을 샀고, 마침내 헬륨의 존재를 확인한 비평가들이 입을 다물 때까지 조롱을 참으며 몇 년을 견뎌야 했다.

로키어가 옳다는 사실을 증명하고, 지구에서 헬륨을 찾은

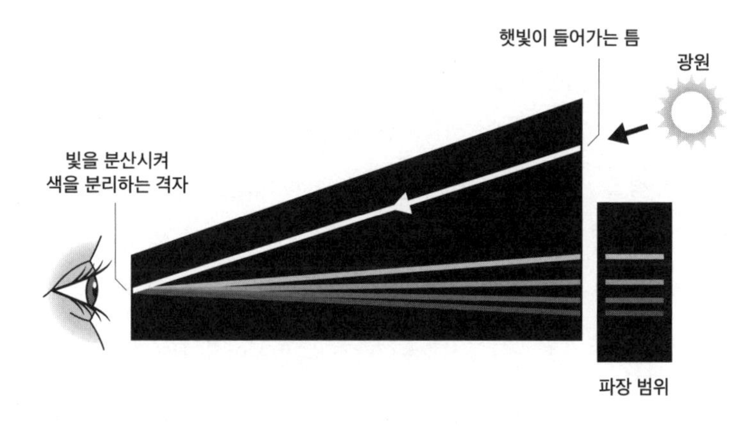

햇빛을 구성하는 성분(파장)들을 분리하자 정체를
알 수 없는 노란 선이 나타났다. 훗날 이 노란
선은 헬륨 때문에 생긴 선임이 밝혀졌다.

사람은 주기율표에서 한 원소 족을 완벽하게 혼자서 발견한 유일한 사람인 스코틀랜드 화학자 윌리엄 램지William Ramsay였다. 1895년 3월, 희토우라늄광clevite이 발산하는 기체의 스펙트럼을 조사하던 램지는 정체를 알 수 없는 노란 선을 발견했다. 자신에게는 성능이 좋은 분광기가 없었기 때문에 램지는 실험하던 기체를 로키어와 윌리엄 크룩스William Crookes에게 보냈다. 크룩스는 음극선관을 이용해 여러 실험을 하고, 텔레파시 같은 심령 현상을 믿는 것으로 유명한 물리학자였다. 램지의 시료를 받은 크룩스는 일주일도 되지 않아 이 기체가 로키어가 관찰한 노란 선을 내는 물질과 동일한 원소임을 확증해주었다. 로키어는 분광기를 통해 자신이 25년 전에 태양을 관찰하다 발견한

"영광스러운 노란 광채"를 확인하고 기뻐서 어쩔 줄을 몰랐다.

현재 헬륨은 아크 용접 장비, 기체 냉각 원자로, 레이저 등에 쓰인다. 심해로 잠수하는 다이버들은 급하게 수면으로 올라올 때 겪을 수 있는 끔찍한 잠수병을 막으려고 산소와 헬륨을 섞은 공기통을 사용한다. 하지만 헬륨의 가장 큰 명성은 무엇보다도 헬륨이 궁극의 냉매refrigerant라는 것이다. 헬륨의 끓는점은 절대온도 0도에서 불과 4.2도 높은 4.2°K이다(섭씨온도로는 -269°C이다). 그 어떤 물질보다도 끓는점이 낮은 헬륨은 천체 탐지기부터 초전도 자석에 이르기까지, 모든 물질의 냉매로 쓰인다.[1]

액체 상태일 때의 헬륨은 과학계에 알려진 그 어떤 물체보다도 기이한 물질이라는 말을 해도 될 것 같다. 절대온도 2.18도(°K) 이하로 온도를 낮추면 헬륨은 마찰 없이 흐르며, 언덕을 타고 올라갈 수도 있는 초유체superfluid가 된다.

초유체(양자 액체)를 이해하려면 무엇보다도 먼저 초유체를 이루는 원자들은 모두 오른발과 왼발이 앞뒤로 서로 엇갈린 것처럼 행동한다는 것을 알아야 한다. 그러니까 모든 원자가 서로 연결되어 있는 것이다. 초유체의 원자들은 마치 단 한 개의 거대한 원자처럼 행동한다. 평범한 액체는 물질의 표면 위를 흐를 때 액체를 구성하는 개별 원자들이 물질을 구성하는 원자들과 부딪혀 에너지를 잃는다. 점성viscosity이라고 하는 이런 마찰력 때문에 액체의 이동 속도는 느려진다. 그러나 초유체는 모든 원자가 동시에 표면의 원자 위를 지나가기 때문에 에너지를 빼앗기지 않는다. 그 때문에 마찰력이 발생하지 않아 점성은 0이 된다.

표면과의 마찰력이 아주 작기 때문에 초유체는 약간의 자극(온도나 압력 변화)만으로도 흐르기 시작한다. 따라서 이 가벼운 액체는 아주 약간만 힘을 주어도 중력을 거스르고 위로 올라갈 수 있다.

헬륨은 절대로 고체로 존재하지 않는 유일한 물질이다. 보통 액체는 원자의 움직임이 느려지면서 일정한 격자 형태로 배열될 때 고체가 된다. 그러나 헬륨 원자는 양자적 불확정성 때문에 적어도 표준기압이 작용하는 곳에서는—절대온도에서도—고체가 될 수 있을 만큼 원자의 움직임이 느려지지 않는다. 액체 헬륨이 얼기 훨씬 전에 지옥이 먼저 얼어붙어 버릴 것이다.[2]

31

내 마음 치유하기

미래에는 시간을 되돌릴 수 있을지도 모른다

"시간은 뒤로 흘러 황금시대를 불러올 것이다."

존 밀턴, 「그리스도가 탄생하던 날 아침에」

시간을 뒤로 돌릴 수 있을까? 이 질문에 답하려면 시간은 왜 앞으로 흐르는지부터 이해해야 한다. 시간이 앞으로만 흐르는 이유는 명확하게 밝혀지지 않고 있다. 문제는 우리 우주를 지배하는 기본적인 물리 법칙들이 시간의 방향성에 관해 특별히 선호하는 방향이 없다는 것이다. 예를 들어, 원자는 광자를 방출할 수도 있고 흡수할 수도 있다. 그렇기 때문에 원자가 무언가를 하고 있는 영화를 본다면, 이 영화를 앞으로 돌리고 있는지, 뒤로 돌리고 있는지를 분명하게 말할 수 있는 방법은 없다. 두 경우 모두 사건이 그렇게 흐르고 있다고 생각할 만한 충분한 근거가 있다.

하지만 일상 세상에서는 그런 경험을 할 수 없다. 멀쩡하게 서 있는 중세 시대 성벽의 사진과 폐허가 된 성벽의 사진을 본다고 생각해보자. 껍데기가 멀쩡한 달걀과 껍데기가 깨진 달걀 사진이나 어린아이 사진과 어른 사진을 본다고 생각해도 된다.

어떤 경우든지 시간이 흐른 방향은 분명하게 알 수 있다. 첫 번째 사진에서 두 번째 사진으로 시간은 흘렀다. 시간이 흐르면서 성벽이 다시 쌓이고, 달걀 껍데기가 붙고, 사람이 어려지는 경우는 없다.

도대체 왜 원자는 시간을 되돌릴 수 있는 것처럼(가역적으로) 행동하는데, 그 원자들을 모은 성과 달걀, 사람은 시간을 되돌릴 수 없는 것처럼(비가역적으로) 행동하는 것일까? 그 이유는 모두 질서와 무질서와 관계가 있다. 성벽, 달걀, 사람의 변화는 모두 질서에서 무질서로 바뀌는 변화를 기술하고 있다. 굳건하게 서 있는 성벽은 무너져 내린 성벽보다 훨씬 질서 있다. 기본적으로 질서 있는 상태에서 무질서한 상태로 바뀌는 변화는 시간의 방향, 즉 시간의 화살과 관계가 있다.

큰 물체(엄청난 수의 원자들의 모임)가 질서 있는 상태에서 무질서한 상태로 변하기 쉬운 이유는 모두 확률과 관계가 있다. 다시 달걀을 생각해보자. 처음에는 멀쩡했던 달걀이 깨져 껍데기는 산산조각이 났다. 깨진 달걀이 다시 합쳐질 길은 오직 하나뿐이지만 달걀이 깨져 흩어질 수 있는 길은 수없이 많다. 예를 들어, 달걀은 두 조각이 날 수도 있고, 세 조각이 날 수도 있고, 네 조각이 날 수도 있고, 더 많은 조각으로 쪼개질 수 있다. 네 조각으로 쪼개진 경우에도 한 조각은 아주 크고 나머지 세 조각은 작거나, 두 조각은 크고 두 조각은 작을 수 있다. 무슨 뜻인지 이해했을 것이다.

깨질 방법은 다양하게 많지만 다시 붙을 방법은 단 하나밖에 없으니 달걀이 처할 수 있는 모든 상황이 모두 같은 확률값을 갖는다면, 달걀은 깨진 상태에 있을 가능성이 압도적으로 클 것이다.

시간의 화살이 존재하는 이유는 그 때문이다. 수많은 구성 성분으로 이루어진 물체는 질서 있는 상태로 있을 가능성보다 무질서한 상태로 있을 가능성이 훨씬 크다. 따라서 질서가 깨지고 무질서가 증가하려는 경향이 훨씬 강하다. 실제로 이런 경향을 기술하는 열역학 제2법칙은 물리학을 지탱하는 초석 가운데 하나이다. 14장에서 잠시 살펴본 것처럼 엔트로피는 물리학자들이 미시 세계의 무질서도를 나타내기 위해 사용하는 용어이다. 물리학자들은 엔트로피는 결코 감소하지 않는다고 말한다.

물론 무질서한 상태가 되려면 먼저 질서 있는 상태가 존재해야 한다. 따라서 모든 것이 시작된 곳으로 거슬러 올라가면 우주는 아주 질서 있는 상태에서 시작했으리라는 결론을 내릴 수 있다. 물리학자들에게 이 같은 결론은 정말로 큰 문제이다. 왜냐하면 물리학자들에게 질서 있는 상태란 '특별한' 상태와 동의어이고, 어떤 것을 설명할 때 특별하다는 표현을 사용한다는 것은 신을 언급한 것이나 다름없기 때문이다. 하지만 우주의 시작을 알린 빅뱅은 아주 질서 정연했던 것 같다.

따라서 시간이 앞으로만 흐르는 궁극적인 이유는 우주는 질서 있는 상태로 시작했지만, 무질서해질 확률이 더 컸기 때문이다. 그렇다면 어느 날, 우주가 다시 '빅 크런치big crunch' 상태

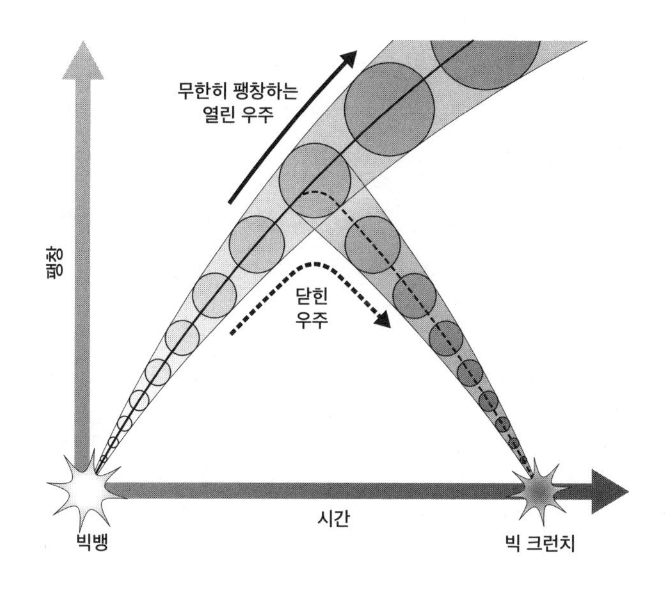

임계 밀도: 특정 질량 이하일 때 우주는 영원히 팽창한다. 특정 질량 이상일 때 우주는 결국 줄어들어 빅 크런치가 된다. 빅 크런치는 우주의 탄생을 불러온 빅뱅의 거울상 사건이라고 할 수 있다.

가 되면 어떻게 될까? 빅뱅의 거울상이라고 할 수 있는 빅 크런치 때는 우주에 있는 모든 존재가 엄청나게 조밀한 한 점으로 수축한다. 우주의 마지막 종착지도 빅뱅처럼 질서 정연할 것이다. 우주가 모두 압축해 들어가 있으니 더 질서 정연할 것이다. 빅 크런치가 일어날 때는 당연히 시간이 거꾸로 흐를 것이다. 폭발했던 항성은 다시 뭉치고, 생명체는 젊어질 것이다.

그렇다면 빅 크런치 때 끝이 나는 우주는 어떤 모습일까? 우리는 망원경으로 보는 모든 은하가 서로에게서 멀리 떨어지는 모습을 통해 빅뱅 뒤 138억 2000만 년이 지난 지금도 우주가 팽창하고 있음을 알고 있다. 천문학자들은 우주에 충분한 질량이 있다면 언젠가는 중력 때문에 팽창이 느려지다 멈춘 뒤에 수축할 것이라고 믿는다. 그런데 1998년에 과학자들이 암흑 에너지를 발견했다. 눈에 보이지 않지만 우주 전체에 퍼져 있는 암흑 에너지는 중력을 이기고 우주의 팽창 속도를 높이는 힘으로 작용하고 있다(더 자세한 내용은 43장을 참고하라). 지금으로서는 그 때문에 빅 크런치는 있을 것 같지 않다. 그러나 관측 결과에 따르면 우주의 역사에서 암흑 에너지가 우주를 통제할 힘을 갖게 된 것은 비교적 최근이라고 여겨진다. 암흑 에너지가 갑자기 '작동한' 이유는 아직 아무도 모른다. 그리고 암흑 에너지는 언제라도 '작동을 멈추고' 결국 모든 것이 수축해 빅 크런치가 일어날 가능성을 높일 수도 있다.

그런데 여기, 한 가지 흥미로운 점이 있다. 모든 것이 수축하는 빅 크런치 우주에서는 시간이 뒤로 갈 뿐 아니라 살아 있는 생명체가 세상을 인지하는 사고 과정도 마찬가지로 뒤로 간다는 것이다. 뜨겁지 않은 것이 아닌 수프는 뜨거운 것과 정확히 마찬가지로 뒤로 가는 것을 인지하고 있는 뒤로 가는 우주는 앞으로 가는 것처럼 보인다. 이런 상황은 놀라운 가능성을 제기한다. 현재 우리는 팽창하는 빅뱅 우주에서 살고 있다고 확신하지만, 어쩌면 우리가 살고 있는 우주는 사실상 수축하는 빅 크런치 우주일 수 있다는 것 말이다.

32

누가 저걸 주문했어?

자연은 우주의 기본 구성 성분을 세 벌 갖추고 있다

"라마인들은 무슨 일이든 세 번 한다."

아서 C. 클라크[1]

레고의 아름다움은 유한한 기본 재료로 무한히 많은 물건을 만들어낼 수 있다는 데 있다. 이제 레고 회사가 기존 제품과 모양은 같지만 크기가 100배 큰 레고블록을 제작한다고 생각해보자. 레고 회사는 얼마 뒤에 이번에는 기존 제품과 모양은 같지만 크기가 1000배 큰 레고블록도 만들 것이라고 발표했다. 누가 봐도 터무니없는 결정을 한 것이다. 그런데 자연의 기본 구성 성분에 관해 자연은 바로 그런 일을 했다.

평범한 물질은 네 가지 기본 재료(렙톤 두 개, 쿼크 두 개)만으로 이루어져 있다. 전자와 전자-중성미자가 두 렙톤이다. 원자 안에서 원자핵 주위를 도는 전자는 잘 알려진 입자이지만 중성미자는 그다지 알려지지 않은 입자이다. 중성미자가 낯선 이유는 사교성이 떨어지기 때문이다. 중성미자는 태양의 중심에서 빛을 만드는 핵반응 때 대량 만들어지지만 평범한 물질과는 상호작용하는 경우가 거의 없어서 빛이 유리판을 통과하듯이 지

구를 통과해 날아가 버린다.[2]

평범한 물질의 기본 구성 성분인 렙톤은 두 개의 쿼크(위 쿼크와 아래 쿼크)와 결합한다. 쿼크는 세 개가 한 짝을 이루어 원자핵의 주요 구성 성분인 양성자와 중성자를 만든다. 양성자는 위 쿼크 두 개와 아래 쿼크 한 개로 이루어져 있고, 중성자는 위 쿼크 한 개와 아래 쿼크 두 개로 이루어져 있다. 원자핵 안에 쿼크가 존재한다는 사실은 1960년대 후반부터 1970년대 초반까지, 입자 물리학자들이 전자를 엄청난 속도로 양성자에 충돌시켰을 때 입증됐다. 원자핵으로 날아간 전자들은 정확히 원자핵 깊은 곳에 묻혀 있는 세 개의 점입자에 부딪혀 튕겨 나오는 것처럼 행동했다.

한 가지 특이한 사실은 양성자나 중성자를 구성하는 쿼크를 밖으로 빼내어 자유 쿼크를 만들 수는 없다는 것이다. 자유 쿼크가 존재하지 않는 이유는 쿼크를 한데 묶는 강한 핵력이 독특한 행동을 하는 힘이기 때문이다. 강한 핵력은 아주 강한 힘

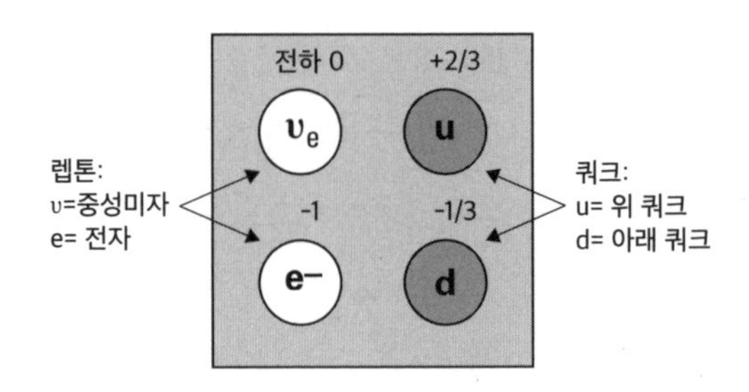

일상 세계를 특징 짓는 어마어마한 다양성은 모두
네 기본 입자가 네 기본 힘과 상호작용한 결과이다.

일 뿐아니라, 당기면 당길수록 팽팽해지는 고무줄처럼 두 쿼크 사이가 멀어지면 멀어질수록 점점 강해지는 힘이다. 두 쿼크가 완전히 떨어져 나가기 훨씬 전에 고무줄을 늘이는 것처럼 강해지는 에너지는 새로운 입자의 질량-에너지로 전환되면서 에너지 보존의 법칙을 지킨다.[3] 구체적으로 말하면 입자 물리학의 법칙이 마법처럼 쿼크와 반쿼크 쌍이 나타나게 한다고 하겠다. 과학자들은 두 쿼크를 더 분리해야 하는 상황에 처하고 말았다. 쿼크를 분리하려고 시도할 때마다 과학자들은 쿼크를 두 개 더 얻었다.

우주에서 우리가 볼 수 있는 물질들은 거의 대부분 단지 네 개의 기본 구성 성분(전자, 중성미자, 위 쿼크, 아래 쿼크)만으로 이루어져 있다는 사실을 밝힌 것은 과학계가 이룩한 실로 놀라운 성취다. 그런데, 앞에서도 지적한 것처럼, 여기에는 반전이 있다. 도대체 그 누구도 이해할 수 없는 이유로 자연은 이 기본 구성 성분을 세 벌씩 만들어 두었다. 네 개로 이루어진 기본 구성 성분은 한 벌이 아니라, 본질적으로는 동일한 입자들의 무게만 다른 세 벌이 존재한다. 따라서 이 세상에는 전자, 전자-중성미자, 위 쿼크, 아래 쿼크라는 1세대 기본 구성 성분만이 아니라 뮤온, 뮤온-중성미자, 야릇한 쿼크, 맵시 쿼크로 이루어진 2세대 기본 구성 성분, 타우, 타우-중성미자, 꼭대기 쿼크, 바닥 쿼크로 이루어진 3세대 기본 구성 성분이 존재한다.

그런데 한 가지 이상한 점이 있다. 더 무거운 기본 구성 성분 두 벌은 일상 세계에서 그 어떤 역할도 하지 않는다는 것이다. 사실, 무거운 기본 구성 성분들을 만들려면 에너지가 아주 많이 필요하기 때문에, 이 입자들은 우주가 탄생한 직후의 아주 짧은 시간 동안에만 빅뱅의 고에너지 화염 속에서 많은 양이 존재했을 뿐이다. 1936년에 전자의 무거운 버전인 뮤온을 발견했을 때 미국 물리학자 이지도어 아이작 라비Isidor Isaac Rabi가 했다는 "누가 이런 걸 주문했어?"라는 말은 유명하다. 자연의 다른 기본 성분들의 복제품에 대해서도 모두 같은 말을 할 수 있을 것이다.

그런데, 이 세상에는 물질의 기본 구성 성분이 세 벌만 있는 것일까? 아니면 그보다 더 많을까? 놀랍게도 이 의문에 답할 수 있는 단서는 입자 물리학이 아니라 우주론에서 찾을 수 있었다. 우주가 탄생한 뒤 1분에서 10분 사이에 빅뱅의 화염은 충분히 뜨거워지고 조밀해져서 양성자(수소의 원자핵)와 중성자가 서로 부딪치고 뭉친 결과 이 세상에서 두 번째로 가벼운 원소(헬륨)가 만들어졌다. 이때 만들어진 원시 헬륨은 지금도 대부분 살아남아 우주 전역에서 관찰할 수 있다. 이 우주에 존재하는 전체 원자 가운데 헬륨이 차지하는 비율은 10퍼센트 정도이다.[4] 그러나 더 많은 세대의 중성미자가 있었다면 이들 중성미자는 빅뱅의 화염이 팽창되는 속도를 더 빠르게 해 천문학자들이 오늘날 우주에서 관찰하는 것보다 더 많은 헬륨을 만들어 냈을 것이다. 계산 결과대로라면 우주에 존재하는 헬륨이 전체 원자의 10퍼센트 정도라면 중성미자는 오직 3세대나 4세대만이 존재해야 한다. 따라서 어쩌면 우주를 구성하는 기본 성분

은 한 벌이 더 발견될 수도 있다. 그러나 물리학자들은 대부분 그럴 가능성은 없다고 생각한다.[5]

자연이 우주의 기본 구성 성분을 세 벌 만든 이유는 물리학계가 풀지 못한 아주 어려운 수수께끼 가운데 하나이다. 일반적인 쿼크와 렙톤 입자의 무거운 버전들은 분명히 우리가 살아가는 우주를 만드는 데 중요한 역할을 했을 것이다. 과학자들은 기본 구성 성분들과 기본 구성 성분들을 한데 결합하는 힘을 일관되게 설명할 수 있을 때, 즉 '모든 것의 이론theory of everything'을 밝혀냈을 때, 무거운 버전들이 담당했던 역할도 알게 되리라는 희망을 품고 있다.

33

근사한 것은 끈이다

우주는 적어도 10차원일 수 있다

"엄밀하게 말하면, 우리에게는 여분의 차원이 필요하다. 처음에 사람들은 여분의 차원을 그리 좋아하지 않았지만, 여분의 차원은 큰 혜택을 준다. 여분의 차원을 이용하면 끈 이론은 중력을 비롯한 모든 기본 힘과 모든 기본 입자를 설명할 수 있다."

에드워드 위튼

아이작 뉴턴은 아주 기본적인 단계에서는 이 우주를 구성하는 물질 입자와 물질 입자를 한데 묶는 힘들을 확인할 수 있으리라고 생각한 최초의 사람이었다. 현재 우리는 네 가지 기본 힘이 있음을 알고 있다. 그 가운데 중력과 우리 몸을 구성하는 원자들을 한데 묶어주고, 전기로 작동하는 현대 세계를 가능하게 해주는 전자기력이 가장 친숙하다. 26장에서 살펴본 것처럼 알베르트 아인슈타인은 1915년에 이 힘 가운데 하나에 대해 전혀 예상치도 못했던 사실을 깨달았다. 앞에서 살펴본 것처럼 실제로 중력은 존재하지 않는다는 사실 말이다.

뉴턴은 태양과 지구 사이에 작용하는 중력은 두 물체를 묶는 보이지 않는 끈과 같아서 지구가 영원히 태양 주위를 돌게 만든다고 했다. 하지만 아인슈타인은 다른 주장을 했다. 그는 실제로 태양처럼 질량이 있는 물체는 자기 주변의 시공간을 휘어 계곡을 만들고, 지구는 태양이 만든 계곡의 위쪽 경사면을 따라 움직이고 있음을 보여주었다.[1]

아인슈타인은 중력이란 3차원 생명체인 우리로서는 완벽하게 이해할 수 없는 4차원 시공간이라는 풍경 안에서 움직이는 우리의 운동을 설명하기 위해 사람이 발명한 힘이라고 했다. 아인슈타인의 이런 생각에 흥미를 느낀 두 물리학자, 테오도어 칼루차Theodor Kaluza와 오스카르 클레인Oskar Klein은 1920년대에 독자적으로 연구를 진행했다. 두 사람은 그 당시에 알려져 있던 또 다른 기본 힘인 전자기력을 한 차원 더 높은 공간 차원의 곡률로 나타낼 수 있는지 궁금했다. 놀랍게도 그것은 가능한 것 같았다. 칼루차와 클레인은 중력과 전기력 모두 5차원 시공간의 곡률로 설명할 수 있음을 밝혔다.

물론 우리는 다섯 번째 공간 차원을 볼 수 없다. 칼루차와 클레인은 우리가 다섯 번째 공간 차원을 볼 수 없는 이유는 이 여분의 차원이 원자보다 작은 공간 안에 말려 들어가 있기 때문이라고 설명했다. 하지만 안타깝게도 원자핵에서는 두 개의 또 다른 기본 힘(극도로 짧은 거리에서만 작용하는 강한 핵력과 약한 핵력)이 작용하고 있음을 밝히는 실험이 진행되면서, 두 사람의 여분 차원 연구는 보류될 수밖에 없었다.

그 뒤로 반세기가 흘렀다. 강한 핵력의 다양한 측면들은 자연의 네 힘이 잇고 있는 물질의 기본 구성 성분(쿼크 여섯 개, 렙톤 여섯 개)들이 사실은 작은 당구공 같은 입자가 아니라 1차원 질량-에너지 끈이라고 말하고 있었다. 물질의 기본 구성 성분을 끈으로 설명하는 이 이론에서는 각 끈의 특별한 진동 형태가 각기 다른 입자와 관계가 있다고 설명한다. 느린 속도로 진동하는 저에너지 끈은 가벼운 입자와 관계가 있고, 빠른 속도로 진동하는 고에너지 끈은 무거운 입자와 관계가 있다. 진동 형태에 따라 다른 음을 내는 바이올린의 현을 생각해보면 도움이 될 것이다. 끈 이론에 따르면, 결국 물리학은 음악이다.

그런데, 끈의 진동 형태는 물질을 구성하는 기본 입자들만이 아니라 힘을 전달하는 입자들과도 관계가 있다. 원자와 원자의 구성 성분을 성공적으로 설명한 양자 이론은 기본 힘들이 힘을 운반하는 입자들의 교환으로 생긴다고 설명한다. 예를 들어 전자기력은 광자의 교환으로 생성된다.[2] 끈 이론에 관한 추론이 이 정도까지 발전했을 때 다시 여분의 공간 차원이라는 개념이 등장했다. 물론 칼루차와 클레인의 개념과는 조금 달라진 형태였지만 말이다. 자연의 네 기본 힘을 설명하려면 모두 10차원인 시공간이 필요했다. 칼루차와 클레인이 공간 차원을 한 개 더 필요했던 것과 달리 이번에는 우리에게 친숙한 3차원의 공간 차원에 여분의 6차원을 더해야만 기본 힘을 설명할 수 있었다. 이 여분의 차원들은 그 누구도 볼 수 없었기 때문에 끈 이론가들은 그전에 칼루차와 클레인이 그랬던 것처럼 여분의 차원들은 원자보다 훨씬 작은 공간에 말려 들어가 있다고 주장했다.

우리로서는 조금도 인지하지 못하는 여분의 6차원의 존재가 아주 부담스럽지만은 않다면, 끈 자체를 고민해보자. 끈은 정말로 터무니없을 정도로 작다. 수소 원자보다 100만에 10억을 곱한 것만큼이나 작기 때문에 본질적으로 끈은 관찰할 수 없다. 따라서 끈의 존재를 입증할 수도 없고, 끈 이론을 직접 확증하거나 반박할 수도 없다.

우리는 4차원의 세계에서 살아가는 것이 분명해 보이는 데도 물리학자들이 우리가 관찰할 수도 없는 10차원의 세상에서 살고 있다고 기술하는 이론에 그토록 열광하는 이유가 궁금할 수도 있겠다. 그 답은 20세기 물리학이 이룩한 엄청난 두 업적(일반 상대성 이론이라고 부르는 아인슈타인의 중력 이론과 양자 이론)과 관계가 있다. 아인슈타인의 중력 이론은 거시적 규모의 세상(우리가 사는 우주)을 지배하고, 양자 이론은 미시적 규모의 세상(원자와 원자의 구성 성분들의 세계)을 지배한다. 그런데, 아주 옛날, 빅뱅의 시대에는 거시 규모의 우주가 원자보다 더 작은 미시 규모로 존재했다. 이런 우주의 기원을 이해하려면 큰 것들의 이론과 작은 것들의 이론을 한데 합쳐야 한다. 아직까지는 그 일을 해낼 수 있는 체계를 갖춘 이론은 끈 이론밖에 없다. 진동하는 끈(실제로는 고리) 가운데 하나가 중력을 운반하는 가상의 양자인 중력자라고 여겨지기 때문이다. 본질적으로는 양자 이론인 끈 이론이 중력 이론을 포함하고 있는 것이다.

34

현재라는 시간은 없다

실재를 기술하는 근본적인 설명 그 어디에도 공통의 과거, 현재, 미래에 관한 개념은 존재하지 않는다

"이제 그는 나보다 조금 더 앞서 이 이상한 세상을 떠났습니다. 그의 떠남은 그 어떠한 의미도 없습니다. 우리처럼 물리학을 믿는 사람들은 과거니, 현재니, 미래니 하는 시간의 구분은 고집스럽게도 사라지지 않는 환상임을 알고 있으니까요."

알베르트 아인슈타인[1]

아인슈타인의 상대성 이론은 실재의 본질적인 모습을 보여준다. 아인슈타인의 이론은 두 사람의 상대적인 운동 속도와 두 사람이 받는 중력의 세기가 한 사람에 대한 다른 사람의 시간의 흐름 속도를 결정함을 보여주었다. 아인슈타인은 속도가 시간에 영향을 미친다는 사실을 1905년에 특수 상대성 이론으로 밝혔으며, 중력이 시간에 영향을 미친다는 사실은 1915년에 일반 상대성 이론으로 밝혔다. 지구에 살고 있는 사람들은 모두 동일한 세기의 중력을 경험하고 있으니, 실제로 중요한 것은 상대 속도이다.

움직이는 속도에 따라 사람들이 경험하는 시간의 흐름이 달라지는 이유는, 왜 그런지는 알 수 없지만 빛의 속도가 시간의 한계 속도 역할을 하기 때문이다. 아인슈타인의 말처럼 "우리 이론에서 빛의 속도는 물리적으로 무한히 큰 속도라는 역할을 맡고 있다".[2]

무한한 속도로 움직이는 물체는 잡을 수가 없듯이, 빛도 잡을 수가 없다. 무엇인가가 무한한 속도로 움직인다면 우리가 아무리 빨리 움직인다고 해도 무한한 속도와 비교하면 너무나도 느린 속도이기 때문에 그 물체의 속도는 무한 속도로 측정이 될 것이다. 이제 이 '무언가'를 빛으로 바꿔보자. 아무리 빠른 속도로 움직인다고 해도 빛의 속도가 언제나 모든 사람에게 동일하게 보이는 이유를 이해할 수 있다.

누구에게나 빛의 속도가 동일하다는 것은 기이한 일이다. 왜인지 생각해보자. 무언가의 속도는 일정한 시간만큼 이동한 거리로 구할 수 있다. 예를 들어 자동차의 속도는 1시간 동안 고속도로를 100킬로미터 달린 거리로 구할 수 있다. 하지만 빛의 속도를 구하려고 할 때면 빛의 속도를 측정하려는 사람들의 자와 시계에 반드시 이상한 일이 생긴다. 아인슈타인은 정확히 어떤 일이 생기는지 밝혔다. 간단히 말하면 움직이는 자는 움직이는 방향으로 줄어들고, 움직이는 시계는 느려진다. 따라서 누군가 당신 옆을 지나간다면, 움직이는 동안 그 사람의 몸이 줄어들고, 그 사람이 가진 시계가 느려짐을 볼 수 있는 것이다! 물론 그런 효과를 분명하게 보려면 그 사람이 음속보다 100만 배는 빠른 빛의 속도에 가까운 속도로 움직여야 할 테니, 일상에서 그런 효과를 보기란 불가능하다. 하지만 공간과 시간을 고무줄처럼 줄이고 늘리는 우주의 거대한 음모 때문에 빛의 속도는 모든 사람에게 동일하게 유지된다.

서로에 대해 상대적으로 움직이는 사람들의 이동 속도 때문에 시간이 다르게 흐른다면 당연히 누구에게나 동일하게 흐르는 과거와 현재와 미래 같은 것은 있을 수 없다. 그런데도 왜 우리는 누구나 경험하는 과거, 현재, 미래가 있다는 강렬한 느낌이 드는 것일까? 그에 대한 답은 부분적으로는 우리가 너무나도 느리게 움직이는 우주라는 차선 위에서 살고 있는 존재들이라 그 누구도 우리가 빛에 가까운 속도로 움직이는 모습을 볼 수 없기 때문이라고 할 수 있다.

그래도 여전히 우리가 '현재'를 경험하는 이유는 설명할 수 없다. 어째서 우리는 우리의 감각이 가장 최근에 모은 정보에 집중하는 것일까? 어째서 지연된 현재는 없으며, 10분 전의 정보에 집중하지 않는 걸까? 어째서 우리에게는 두 개의 현재가 없어, 10분 전이나 30분 전에 모은 정보에 집중하지 않는 것일까?

물리학은 우리가 '지금now'을 경험하는 이유에 대해 아무런 설명도 제시하지 못한다. 그래서 다른 설명을 찾는 과학자들도 있다. 그런 과학자 가운데 한 명이 영국 물리학자 스티븐 호킹Stephen Hawking과 함께 연구한 샌타바버라 캘리포니아 대학교의 물리학자 제임스 하틀James Hartle이다. 하틀은 생명체의 진화 초기에는 현재 우리처럼 시간을 한 가지 방식이 아니라 여러 가지 방식으로 경험하는 유기체가 존재했을 수도 있다고 생각한다. 과거에 지연된 현재를 경험하면서 10초 전에 받아들인 정보에 집중하는 청개구리가 있었다고 생각해보자. 이 개구리 앞에 있는 나뭇잎에 파리가 한 마리 내려앉았다. 청개구리가 파리를 생각하면서 혀를 길게 뻗었을 때는 이미 파리는 날아가 버리고 없을 것이다. 하틀은 옛 정보에 의지해 살아가는 그런 청개구리는 결국 굶어 죽고 말았을 거라고 했다.

만약 유기체들이 지금 감각으로 쏟아져 들어오는 최신 정보에 집중하는 우리의 방식이 아니라 다른 방식으로 정보를 처리하고 행동한다면, 그런 유기체들은 모두 시간 지연을 경험하는 청개구리처럼 살아남지 못할 것이다. 따라서 하틀은 우리가 시간을 경험하는 방식은 물리학이 아니라 생물학으로 설명해야 한다고 믿는다. 그리고 우리가 받는 제약은 다른 모든 생명체도 받고 있을 테니 이 우주 어딘가에 외계 생명체가 있다면, 그들도 우리와 같은 방식으로 시간을 경험해야 한다고 했다.

시간을 가장 깊고 통찰력 있고 심오하게 관찰한 사람은 미국 전 대통령 조지 W. 부시George W. Bush이다. 그는 말했다. "우리 모두 과거는 끝났다는 데 동의하리라고 생각합니다."

타임머신 만드는 법

물리학의 법칙은 시간 여행을 금지하지 않는다

"시간을 거슬러 날아가고 있을 때 미래를 향해 날아가고
있는 사람을 본다면, 눈을 마주치지 않는 게 좋을 것이다."

잭 핸디, 미국 유머 작가

물리학의 법칙은 시간 여행을 금지하지 않을 뿐 아니라 시간 여행을 할 수 있는 방법을 알려주고 있다. 적어도 이론적으로는 말이다. 이런 상황이 된 것은 모두 아인슈타인 때문이다. 아인슈타인은 일반 상대성 이론에서 중력이 다르면 시간이 다르게 흘러간다는 사실을 보여주었다. 중력이 강하면 시간은 느리게 흐르고 중력이 약하면 시간은 빠르게 흐른다.[1] 따라서 중력이 약하고 시간이 평범하게 흐르는 장소(즉, 지구)와 중력이 강하고 시간이 훨씬 느리게 흐르는 장소(즉, 블랙홀의 가장자리)만 있으면 타임머신을 만들 수 있다.[2]

이제 지구 위에 시계를 하나 놓고 비슷한 시계를 블랙홀에 하나 놓고, 두 시계 모두 월요일에 작동하게 맞추자. 시간이 흘러 지구에서 시계가 금요일을 가리키고 있을 때, 블랙홀의 시계는 수요일을 가리킨다. 따라서 지구에서 블랙홀로 순간 이동

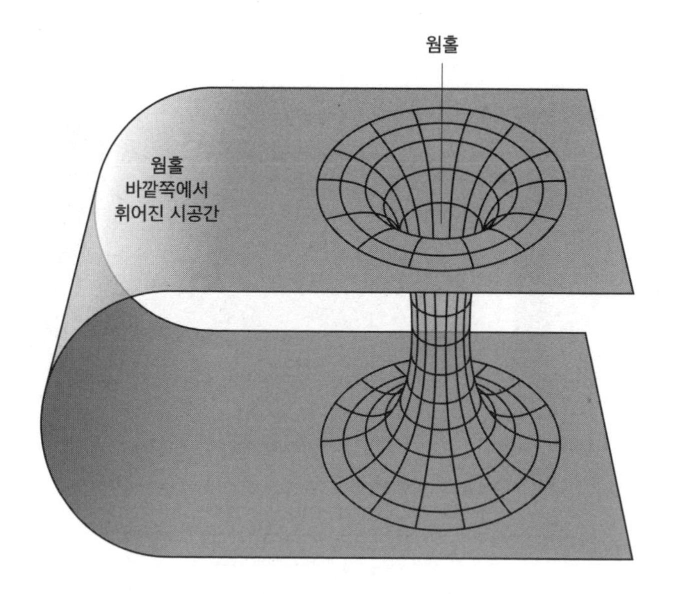

웜홀은 고차원 공간의 지름길이다. 2차원인 평평한
시트를 구부리면 3차원인 지름길을 만들 수 있다.

을 할 수 있는 방법만 있다면, 우리는 과거로 갈 수 있다. 그리고 그런 방법은 실제로 존재한다. 아인슈타인의 일반 상대성 이론이 허용한 것은 블랙홀만이 아니다. 일반 상대성 이론은 웜홀wormhole이라고 알려진 시공간의 지름길, 통로의 존재도 함께 허용했다.

타임머신을 만드는 방법은 이렇다. 지구의 한 지점과 블랙홀과 가까운 한 지점을 택해 웜홀로 연결하면 된다. 그런데 한 가지 문제가 있다(언제나 문제는 있지 않나?). 웜홀은 불안정하다는 것이다. 웜홀은 미처 눈을 깜빡일 사이도 없는 짧은 시간

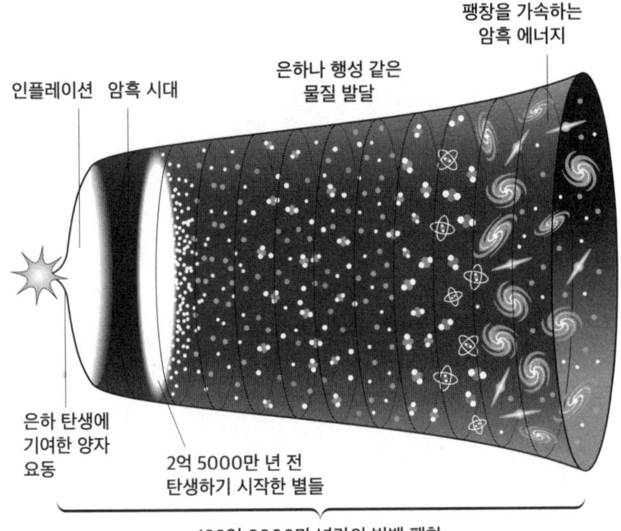

웜홀이 열려 있으려면 중력에 반발하는 힘이 필요한데,
이 반중력 힘은 우주의 팽창 속도를 높인다. 안타깝게도
암흑 에너지는 너무 묽어서 이용할 수 없다.

에 닫혀 버린다. 갑자기 닫히는 것을 막으려면 중력에 반발하는 물질이 웜홀을 지탱해 주어야 한다. 빨아들이는 힘이 아니라 부는 힘을 발휘하는 물질들이 있어야 하는 것이다. 놀랍게도 그런 '기이한' 물질은 존재한다. 실제로 이 물질은 우주에서 가장 많은 비율을 차지하고 있는 우주 구성 성분이다. 우주의 전체 질량-에너지의 3분의 2 정도를 이 물질이 차지하고 있다.

1998년에 천문학자들은 빅뱅으로 시작했고, 빅뱅 후 138억 2000만 년이 흐른 지금 기력이 다했어야 할 우주의 팽창이 전혀 기세를 꺾지 않고 있음을 발견했다. 오히려 우주의 팽창 속도는 빨라지고 있었다. 도무지 이해할 수 없는 이 현상을 설명하려고 천문학자들은 34장에서 살펴본 암흑 에너지라는 존재를 가정했다. 현재 우리는 암흑 에너지가 눈에 보이지는 않지만 온 우주를 채우고 있으며, 중력에 반발하는 힘으로 작용하고 있음을 안다. 중력에 반발하는 암흑 에너지 때문에 우주의 팽창 속도는 빨라지고 있다.

암흑 에너지는 중력에 반발하는 힘이지만 너무 묽고 약해서 웜홀의 열린 상태를 유지할 만한 힘이 없다. 따라서 웜홀을 통해 이동하려면 암흑 에너지와 같지만 훨씬 강력한 반중력이 있어야 한다. 실제로 한 사람이 기어서 통과할 수 있을 정도로 넓게 벌어진 웜홀을 지탱하려면 우리은하를 이루는 항성들이 일생 생성하는 에너지의 상당량과 맞먹는 크기의 에너지가 필요하다.

웜홀 같은 타임머신과 허버트 조지 웰스Herbert George Wells가 소설 『타임머신*The Time Machine*』에서 묘사한 타임머신은 두 가지 점에서 크게 다르다. 소설을 영화화한 '타임머신'에서는 주인공 로드 테일러가 황동 다이얼이 있고 과거와 미래로 갈 수 있는 레버가 장착된 기계 위에 앉는다. 하지만 아인슈타인의 일반 상대성 이론은 한자리에 앉아서는 시간 여행을 할 수 없다고 한다. 시간을 지나 이동하고 싶다면, 당연히 공간도 함께 지나가야 한다. 아인슈타인의 일반 상대성 이론이 말하는 타임머신과 웰스의 소설에 나오는 타임머신의 두 번째 차이점은 그 누구도 타임머신이 만들어지기 전의 시간으로는 돌아갈 수 없다는 것이다. 따라서 공룡이 살았던 시대로 돌아가고 싶다면 6600만 년 전에 외계인이 지구에 버려두고 간 타임머신을 찾아야 한다!

요약해보면 타임머신의 재료는 다음과 같다. 블랙홀, 웜홀, 지금으로서는 존재하는지도 알지 못하는 반중력의 힘, 우리 은하를 이루는 항성들 상당수가 일생 방출해야 할 만큼 엄청난 양의 에너지. 타임머신을 쉽게 만들 수 있다고 말한 사람은 없다!

요점은 실제로 타임머신을 만들 수 있는가가 아니다. 타임머신 만들기는 정말로 너무나도 힘들 것이다. 실제로 극도로 발달한 기술 문명 사회가 아니라면 타임머신을 만들 수 있는 문명은 없을 것 같다. 우리에게 중요한 것은 이론적으로 타임머신을 만들 수 있는가이다. 타임머신이라는 존재는 온갖 미친 일로 가는 문을 활짝 열어 버렸기에, 물리학자들은 도통 밤잠을 이룰 수가 없었다. 예를 들어, 실제로 타임머신이 존재하고, 누군가 과거로 돌아가 자신의 어머니가 태어나기 전에 외할아버지를 살해했다고 생각해보자. 그런 일을 하고 싶은 사람은 거의 없을 테지만, 어쨌거나 외할아버지를 살해했을 때 과거에서 사라지는 사람은 단 한 사람뿐이다. 하지만 그 때문에 물리학자들을 경악시킬 난감한 상황이 펼쳐질 수 있다. 어머니가 태어나지 못했으니, 그 자신도 이 세상에 존재하지 못할 사람이 어떻게 과거로 돌아가 외할아버지를 살해할 수 있겠는가,

하는 문제가 생기는 것이다.

할아버지 역설이라고 알려진 이런 상황을 피하려고 스티븐 호킹은 '시간 순서 보호 추측Chronology Protection Conjecture'이라는 가설을 제시했다. 복잡한 용어를 사용해 표현했지만, 한마디로 말하면 시간 여행은 불가능하다는 뜻이다. 그러니까 알려지지 않은 물리학의 법칙들이 시간 여행을 막아, 할아버지 역설이 일어나지 않게 한다는 것이다. 호킹은 쉽게 관찰할 수 있는 한 가지 사실("미래에서 온 시간 여행자들은 어디에 있는가?")을 '시간 순서 보호 추측'에 대한 근거로 제시했다.

할아버지 역설은 다른 방식으로도 해결할 수 있는데, 이때는 우주에 관한 아주 기이한 사실을 받아들여야 한다. 양자 이론은 원자는 실험실에서 발견되기 전까지는 동시에 여러 곳에서 존재할 수 있다고 한다. 따라서 물리학자들은 실제로 원자를 관찰했을 때 오직 한 장소에서만 찾을 수 있는 이유를 설명해야 한다. 지금까지 10여 개가 넘는 양자 이론 해석이 나왔고, 그 해석들 모두 동일한 실험 결과를 예측했다. 그런 해석 가운데 가장 유명한 해석은 관찰 행위가 원자의 행동에 영향을 미치는 힘으로 작용해, 원자를 한 장소에서만 관찰할 수 있다는 코펜하겐 해석이다(코펜하겐 해석은 관찰자가 '기계 장비'인지 사람인지를 규정하지 않았기 때문에 열린 해석이라고 할 수 있다).

하지만 다세계 해석Many Worlds Interpretation에서는 원자는 동시에 여러 장소에 있을 수 있지만, 그 장소는 서로 다른(평행한) 현실reality에 존재해야 한다. 우리는 오직 한 현실 속에서만 살아가기 때문에 우리가 볼 수 있는 원자는 한 가지 버전뿐이다.

정말로 다세계가 존재한다면, 할아버지 역설은 깔끔하게 피해 갈 수 있다. 누군가 과거로 돌아가 자신의 어머니가 태어나기 전에 외할아버지를 살해한다고 해도, 사실 그 외할아버지는 그 사람의 외할아버지가 아니다. 그저 평행 세계에 살고 있는 한 명의 외할아버지일 뿐이다.

제 6 부

외계 이야기

대양 세계

목성의 위성, 에우로파의 얼음 밑에는 태양계에서 가장 큰 바다가 있다

"이 모든 세계가 다 네 거야. 에우로파만 빼고.
거긴 착륙할 생각도 하면 안 돼."

아서 C. 클라크[1]

갈릴레오의 거대한 네 위성 가운데 얼음 위성인 에우로파는 목성에서 두 번째로 멀리 있는 위성이다. 에우로파의 표면에는 산도, 계곡도, 크레이터도 없어서 매끈한 당구공처럼 보인다. 실제로 에우로파의 표면은 아주 매끈해서, 공기만 있다면 태양계 최대 아이스링크로 활용할 수 있을 것이다. 하지만 멀리서 보면 특색이 없고 지루해 보이는 에우로파는 가까이 가면 완전히 다른 세상으로 바뀐다.

1979년에 미항공우주국의 보이저 2호 우주탐사선이 목성계를 지나갔다. 보이저가 보내온 에우로파의 얼음 표면에는 갈라져 생긴 수없이 많은 금과 이랑이 있었다. 1990년대에는 미항공우주국의 갈릴레오 우주탐사선이 목성 주위를 돌면서 에우로파의 표면을 촬영했다. 갈릴레오가 보내온 사진에서는 더

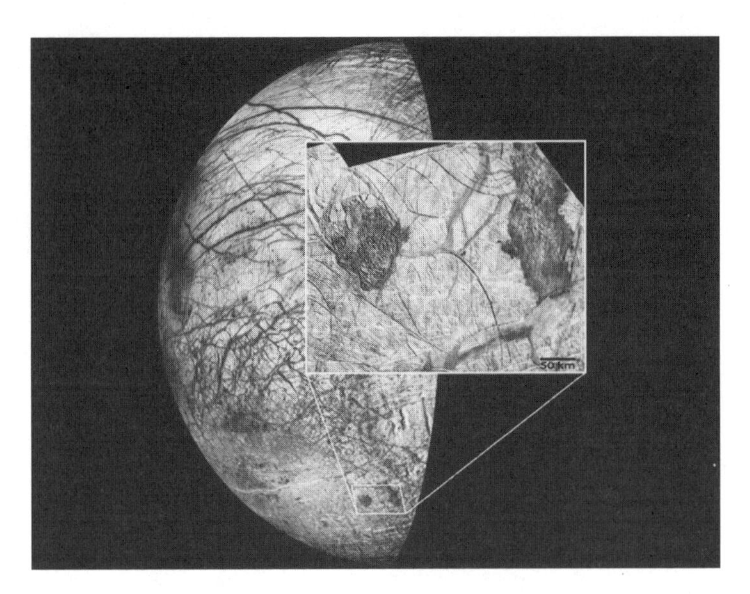

10킬로미터나 되는 두툼한 얼음판이 여기저기
갈라져 있는 에우로파의 표면. 얼음판 밑에는
태양계에서 규모가 가장 큰 대양이 있다.

욱 심하게 쪼개진 얼음 표면을 볼 수 있었다. 에우로파의 표면은 아무렇게나 쩍쩍 갈라져서 서로 멀어졌다가 다시 부딪치면서 얼어붙는 해빙으로 뒤덮인 지구의 북극과 놀라울 정도로 닮았다. 이는 에우로파의 얼음 밑에 대양이 있을 가능성이 아주 크다는 뜻이다.

에우로파의 얼음 밑에 대양이 있는 이유는 어렵지 않게 설명할 수 있다. 에우로파는 이오보다 조금 더 먼 곳에서 목성 주위를 돌고 있다. 이오의 내부 암석을 녹여 태양계에서 가장 활발한 화산 활동이 일어나게 하는 목성의 기조력이 에우로파에도 미쳐 에우로파 내부의 얼음을 녹인 것이다.[2] 실제로 갈릴레오 탐사선의 관측 결과는 에우로파의 얼음과 내부의 자전 속도가 다르다고 말하고 있었다. 그것은 얼음판이 액체 위에 떠 있다는 뜻이었다. 두께가 10킬로미터에 달하는 두툼한 얼음층 밑에 위성을 전체적으로 감싸는 100킬로미터 깊이의 대양이 있는 것 같다. 태양계에서 가장 큰 바다가 있는 것이다.

그렇다면 지금, 그 칠흑 같은 어두운 바다에서 헤엄을 치고 있는 생명체가 있을까? 과거에는 생명체가 존재하려면 반드시 햇빛이 있어야 한다고 생각했다. 그러나 1977년, 지구에서의 발견이 모든 것을 바꾸었다. 소형 잠수함 앨빈Alvin을 타고 깊은 해저로 탐사를 나선 미국 해양학자 로버트 밸러드Robert Ballard 연구팀은 무기질이 풍부한 뜨거운 물을 뿜어내고 있는 열수공hydrothermal vent을 발견했다.[3] 열수공 주변에는 황을 먹는 박테리아와 사람 팔뚝만 한 크기의 관벌레가 살고 있었다.

목성의 기조력에 잡아당겨지고 눌리는 에우로파의 해저에도 비슷한 열수공이 존재할 수 있다. 그리고 그런 열수공이 실제로 존재한다면, 지구에서 그렇듯이, 에우로파의 열수공도 많은 유기체가 살아가는 생태계를 형성하고 있을 가능성이 있다.

에우로파가 태양계에서 지하 대양을 품고 있는 유일한 위성은 아니다. 2008년, 미항공우주국의 카시니 우주선은 2년 동안 토성의 주위를 돌면서 행성 탐사 역사에 길이 남을 놀라운 사진을 찍었다. 서던 잉글랜드보다 조금 큰 작은 위성 엔셀라두스Enceladus를 찍은 사진이었다. 이 작은 위성은 수백 킬로미

터 높이로 우주를 향해 반짝이는 얼음 알갱이를 뿜어내고 있었다.[4]

엔셀라두스가 죽어 있는 위성이 아니라는 단서는 그전에도 있었다. 이 작은 위성이 흰색으로 빛나고 있다는 것은 운석과 부딪쳐 생긴 먼지들이 시간이 지나면서 새롭게 내린 눈에 덮여 가려졌다는 뜻이었다. 게다가 토성의 희박한 E 고리에 얼음 알갱이를 공급하는 주체가 엔셀라두스일 거라는 강력한 추측도 나왔다. 그리고 마침내, 엔셀라두스의 남반구에서 '호랑이 무늬'라고 이름 붙인 민트색 줄무늬를 네 개 발견함으로써, 엔셀라두스의 지표면 아래쪽은 움직이고 있으며 상당히 따뜻하다는 추론을 세울 수 있었다. 호랑이 줄무늬는 엔셀라두스 얼음 분수의 원천이다.

얼음 분수를 만드는 열의 일부는 엔셀라두스가 두 번 토성 주위를 공전할 때 한 번 공전하는 토성의 위성 디오네가 엔셀라두스를 잡아당기기 때문에 발생할 수도 있다. 그러나 엔셀라두스가 지상 간헐천에서 시속 2000킬로미터의 속도로 얼음 결정체를 방출하려면 강한 압력을 받는 뜨거운 물이 존재해야 한다. 따라서 엔셀라수스에 조수 현상을 일으켜 물을 덥히는 또 다른 열원이 반드시 있어야 한다. 찾아낸 모든 증거는 엔셀라두스를 덮은 얼음층 밑에는 따뜻한 대양이라는 열원이 있다고 말하고 있었다. 태양계에서 가장 작은 바다가 그곳에 있다고 말이다.

이런 작고 차가운 천체에서 그토록 격렬한 지질 활동이 벌

엔셀라두스의 얼음 분수는 토성의 이 작은 위성 깊은 곳에
태양계에서 가장 작은 바다가 있음을 말해주고 있다.

어지고 있다는 것은 정말 놀라운 일이었다. 그때까지 과학자들은 아주 큰 위성에서만 기조력에 의한 엄청난 열 발생을 뚜렷하게 관찰할 수 있다고 생각했다. 엔셀라두스처럼 작은 위성에서 그런 엄청난 조수 효과가 있으리라고 생각한 사람은 아무도 없었다. 토성의 이 작은 얼음 위성에 지하 바다가 있다는 사실을 알게 된 과학자들은 생명체가 있을 가능성에 대해서도 생각하기 시작했다. 위성의 민트색 호랑이 무늬는 생명의 재료인 유기 분자 때문이라고 알려져 있다. 그것은, 엔셀라두스의 따뜻하고 습한 내부는 태양계에서 두 번째로 생명을 만들 모든 재료가 있을 수도 있음을 의미했다. 아니면,—에우로파가 엔셀라두스를 훨씬 앞섰다면—세 번째로 생명체의 탄생 조건을 갖추고 있을 수도 있다.

엔셀라두스는 태양계에서는 우리가 전혀 상상하지도 못했던 장소에서도 생명이 존재할 가능성이 있음을 알려주었다. 실제로 이 위성에 태양계가 탄생한 순간부터 어둠 속에 숨어서 번성해온 생태계가 존재한다면, 엔셀라두스의 얼음 분수에서 재료를 공급받는 토성의 E 고리는 단순히 물로 된 얼음 고리가 아니다. 얼어붙은 박테리아의 빙글빙글 돌아가는 묘지이다.

외계인의 쓰레기장

저 바깥에 외계인이 있다면, 그들의 쓰레기장은 분명히 여기 지구에 있을 것이다

"우주인이 잠시 지구에 들르는 이유가 아이들에게 오줌을 누게 하려는 거면 어떻게 하지?"

제이 레노, 미국 방송인

영화, 〈2001 스페이스 오디세이〉에서 우주비행사들은 달의 티코 크레이터 밑에서 외계인이 묻어 둔 기계를 파낸다. 달에 동이 터오면서 햇빛이 기계에 닿자, 기계는 항성들을 향해 귀가 찢어질 것 같은 소리를 내지른다. 300만 년 전, 이 기계를 만든 존재들이 태양계를 가로질러 여행하고 있었다. 이들은 태양계 세 번째 행성에 수많은 생명체가 살고 있음을 보고, 이 행성의 잠재력을 알아보았다. 하지만 여행을 멈추고 무언가를 할 시간은 없었다. 우리은하에는 살펴봐야 할 다른 행성계가 많았기 때문이다. 그래서 이 외계인들은 태양계 세 번째 행성에 기술 문명이 도래해, 그 생명체들이 우주 공간을 날아와 거대한 위성 위에 발을 디디는 날 자신들에게 그 사실을 알려줄 수 있도록 달에 모니터를 묻어 놓고 갔다.

이것이 정말 가상의 이야기일 뿐일까? 달이나, 지구 표면에 외계인이 실제로 기계를 묻어 두고 갔을 가능성은 없을까? 우크라이나 공화국 하르키우의 한 전파천문학자는 그 질문에 대한 답은 우리은하에 우주여행을 할 수 있는 외계 문명이 있느냐 없느냐에 달려 있다고 했다. 이 전파천문학자, 알렉세이 아르키포프Alexey Arkhipov는 우리의 현관 계단에 외계 기계가 묻혀 있는 것은 그저 가능성이 아니라고 했다. 당연히 있다고 했다. 아르키포프는 거기서 한 발 더 나갔다. 그의 추론에 따르면 태양계가 탄생한 뒤로 지구에 떨어진 외계 인공물은 수천 개에 달한다.[1]

여기서 중요한 것은 '떨어진'이라는 표현이다. 아르키포프는 영화에서처럼 외계인이 일부러 자신들의 발명품을 지구에 남겨 놓았다고 주장하지는 않는다. 그저 우연히 지구에 떨어졌을 뿐이라고 말한다.

아르키포프는 우주에서 하는 인간의 활동은 당연히 태양계를 오염시킨다는 사실을 지적한다. 작동을 멈춘 인공위성들, 로켓에서 떨어져 나온 추진기 같은 우주 쓰레기들이 지구 궤도에 계속 쌓이고 있다. 우주로 날아갈 우주왕복선은 이런 우주 쓰레기들과 충돌할 위험이 크기 때문에, 끔찍한 충돌 사고를 염려한 미항공우주국은 우주왕복선 발사 계획을 계속 미루고 있다. 하지만 아르키포프는 이런 행성 간 쓰레기가 영원히 행성들 사이에 머물 수는 없다고 했다. 당연히 사람이 만든 인공물 가운데 일부는 태양계 밖으로 나가 다른 항성을 향해 날아갈 것이다. 우주선에서 배기가스로 나온 초미세 입자는 햇빛의 압력만으로도 날려질 테고, 태양계 먼 곳까지 날아가 폭발한 우주탐사선도 항성 간 우주에 파편을 날려 보낼 것이다.

아르키포프는 다른 항성계나 행성계로 인공물을 날려 보내는 생명체는 인류만이 아닐 것이라고 했다. 사람의 활동이 우주에 쓰레기를 만드는 것처럼, 우주여행을 하는 외계 생명체도 우주 쓰레기를 만들 것이다. 사람의 기술 활동이 항성 간 우주에 인공물을 퍼트리는 것처럼, 외계 생명체의 기술 활동도 항성 간 우주에 인공물을 퍼트릴 것이다. 당연히 그 가운데 일부는 우리에게 올 수밖에 없다. "크리스토퍼 콜럼버스에게 대양에 떠다니는 이상한 파편들이 새로운 땅이 있다는 증거로 작용했듯이, 우주라는 대양을 떠도는 파편은 우주 어딘가에 우리가 모르는 새로운 행성과 새로운 생명체가 존재한다는 분명한 증거가 될 수 있다." 아르키포프의 말이다.

아르키포프는 지난 45억 5000만 년 동안 얼마나 다양한 크기의 인공물이 지구에 떨어졌는지까지 추정했다. 당연히 그는 있는 사실을 근거로 추론했다. 아르키포프는 가까운 곳에 있는 항성계 가운데 1퍼센트에서 기술 문명을 발전시킨 행성이 존재하고, 그 외계 문명은 전체 역사에서 행성 물질의 1퍼센트만을 사용해 지구 사람들이 만든 소비재 비슷한 물건을 만든다고 추정했다. 그는 사람들이 우리의 거주지인 지구의 자원을 착취하는 것처럼 외계 생명체도 자기들 거주 지역의 자원을 착취할 것이라고 생각하는 것이 당연하다고 믿는다.

그런 추론을 통해 아르키포프는 놀라운 결론을 내렸다. "45억 년 동안 지구에는 100그램짜리 외계 인공물이 4000개 쌓일 수 있다." 영국인이 즐겨 먹는 잼, 마마이트 작은 병이 100그램 정도이다.

물론 가까이 있는 항성계 가운데 0.01퍼센트에만 기술 문명이 존재하고, 그 기술 문명이 행성에 있는 물질을 1퍼센트만 소비재로 바꿨다면, 지구에 떨어지는 외계 인공물은 4개로 줄어든다.

따라서 외계 생명체가 존재한다는 증거는 우리 발밑에 있을지도 모른다. 아르키포프는 지층과 특이한 운석에서 외계 인공물을 찾으려는 시도를 할 것을 과학자들이 진지하게 고려해봐야 한다고 했다. 어쩌면 그런 인공물을 간직하고 있을 가능성이 가장 큰 곳은, 아서 C. 클라크가 추론한 것처럼 달일 수도 있다. 달은 끊임없이 운석에 부딪히고 있지만, 풍화되거나 지질학적인 힘에 의해 모습이 변형되지 않는다. 하지만 지금으로서는 달을 탐사할 능력이 우리에게는 없다. 따라서 일단 연구는 우리 지구에 집중할 수밖에 없다. 지구에서 외계 인공물을 찾을 수 있는 가장 좋은 장소는 아마도 지구 표면의 3분의 2를 덮고 있는 대양일 것이다. 하지만 깊은 대양에 있는 해구는 압력이 어마어마하기 때문에 로봇 밀정만을 간신히 내려보낼 수 있을 뿐이다. 따라서 잼 병만 한 외계 인공물을 찾으려는 시도는 거의 불가능하다.

육지라면 탐사가 어렵지는 않다. 하지만 육지는 바람, 비,

얼음에 의한 풍화 작용 때문에 아주 높은 산맥조차도 시간이 지나면 사라진다. 하지만 풍화 작용조차도 수억 년에 걸쳐 작용하는 지질 작용에 비하면 아무것도 아니다. 지질 작용은 새로운 대양을 열고, 거대한 대륙을 망각 속으로 밀어 넣어 우리 발밑에 머무는 마그마로 만들어 버린다. 따라서 외계 인공물을 찾을 가능성은 크지 않아 보인다. 실제로 10억 년도 전에 우리 지구로 떨어진 인공물은 오래전에 지표면 밑으로 끌려들어 가 지구 내부의 압력과 열 때문에 으깨지고 변형되었을 것이다.

비교적 최근에 지구에 떨어진 인공물이라면 아직은 지표면 가까이 있을 것이다. 하지만 아무리 생각해도 외계 인공물을 구별해내기는 쉽지 않을 것 같다. 우리보다 수천 년, 혹은 수백만 년 앞선 발달한 외계 문명의 인공물은 개미나 아메바가 식기 세척기를 인지하지 못하는 것처럼, 우리로서는 인지하지 못할 수도 있다. 아서 C. 클라크의 말처럼 "충분히 발달한 기술 문명은 마법과 구별할 수 없다".

이제 기댈 수 있는 희망은 단 하나, 화학 조성이나 핵 조성이 특이한 암석이나 금속을 찾는 데 있을 것 같다. 어쩌면, 바로 이 순간, 이 세상의 어느 곳에서는 먼지 쌓인 박물관 유물에 섞인 출처를 알 수 없는 인공물이 있을지도 모른다. 그 인공물에는 100년 이상 그 누구도 눈길을 주지 않았을 수도 있다. 하지만 지금, 이 순간, 박물관에 새로 부임한 큐레이터가 유리 상자를 집어 올리면서 진지하게 찡그린 눈으로 그 물건을 찬찬히 살펴보고 있을지도 모르겠다.

38

행성 밀항자

화성인을 보고 싶다고? 그럼 거울을 보자

"화성인들은 언제나 온다."

필립 K. 딕

1976년, 화성에서 생명체를 발견했다. 적어도 누군가는 그렇게 믿었다. 화성에서 생명체를 발견했다는 주장은 여전히 극심한 논쟁을 불러일으키고 있다. 이 논쟁의 중심에는 미항공우주국의 바이킹 1호와 바이킹 2호의 화성 착륙선이 화성의 표면에서 진행한 생물의 흔적을 찾는 실험이 있는데, 안타깝게도 그 실험은 명확하지 않은 모호한 결과만을 낳았다.

화성에서의 실험은 아주 단순했다. 일단 바짝 마른 화성의 흙을 조금 떠서 영양분이 들어 있는 따뜻한 물을 붓는다. 화성의 토양에 활동을 멈추고 휴면 중인 미생물이 들어있다면, 따뜻한 물을 만났을 때 잠에서 깨어나 신진대사 활동을 시작할 테고, 이산화탄소 기체가 부산물로 생성될 것이다. 그러니 실험을 성공적으로 마치고 이산화탄소가 생성됨을 확인했을 때 바이킹 연구팀이 얼마나 좋아했을지 상상이 된다. 문제는 생성되는 이산화탄소의 양이 너무 많았고, 너무나도 빨리 사라졌다는 것이다. 생명체의 물질 대사 활동으로 그런 결과가 나왔을 것 같지는 않았다.

하지만 이 중요한 실험을 설계한, 전직 캘리포니아 공중위생 공학자 길버트 레빈Gilbert Levin은 바이킹 착륙선이 화성 생명체를 찾았다고 믿었다. 그러나 다른 과학자들은 대부분 화성의 토양에 반응성이 큰 과산화물이 들어 있었을 것이라고 생각한다. 과산화물은 영양소를 만나면 재빨리 산화되어 이산화탄소를 만든다.

겉으로 보기에 화성의 환경은 생명체가 살기 힘들 것만 같다. 지구보다 태양에서 1.5배 정도 더 먼 곳에서 공전하고 있는 화성은 거의 대부분 이산화탄소로 이루어진 대기에 둘러싸여 있는데, 화성의 대기는 지구 대기의 1퍼센트 정도밖에 되지 않을 정도로 얕아서 여름 낮이 되어서야 간신히 기온이 물의 어는점까지 오른다. 화성에는 방어막이 되어줄 자기장 방패도 없어서 태양의 강력한 복사 입자가 그대로 지표면에 도달한다.

하지만 1977년, 지구의 해저에서 열수공을 발견한 해양 지질학자 로버트 밸러드의 연구팀이 생명이 살아갈 수 있는 생태환경에 대한 기존 믿음을 완전히 바꾸었다. 수면에서 수 킬로미터 밑에 존재하는 해저에서도 물속으로 뿜어져 나오는 무기질 열수 덕분에 햇빛이 닿지 않는 짙은 어둠 속에서도 다양한 생명체가 살아갈 수 있다. 열수공 생태계는 산소가 아니라 황화물을 이용해 에너지를 얻는 박테리아에서 시작해 관벌레가 최상위 포식자 자리를 차지한 먹이사슬을 이루고 있었다.

밸러드 연구팀의 발견을 시작으로 생물학자들은 남극처럼 척박하고 외진 환경에서도 살아가는 미생물들을 찾아냈다. 단단한 암석 아래 수 킬로미터 지점에서 살아가는 박테리아도 있었고, 심지어 원자로 중심부에서 행복하게 살아가는 '데이노코쿠스 라디오두란스Deinococcus radiodurans'라는 박테리아계의 코난 종까지 찾아냈다. 그렇다면 화성에서도 극한 환경에서 생존하는 이런 박테리아가, 이런 극단 생물extremophiles이 살아가고 있지는 않을까? 얼어붙은 지표면 아래, 흐르는 물속에서, 혹은 태양 복사선을 피해 암석 안에서 살아가는 생명체들이 존재할 수 있지 않을까?

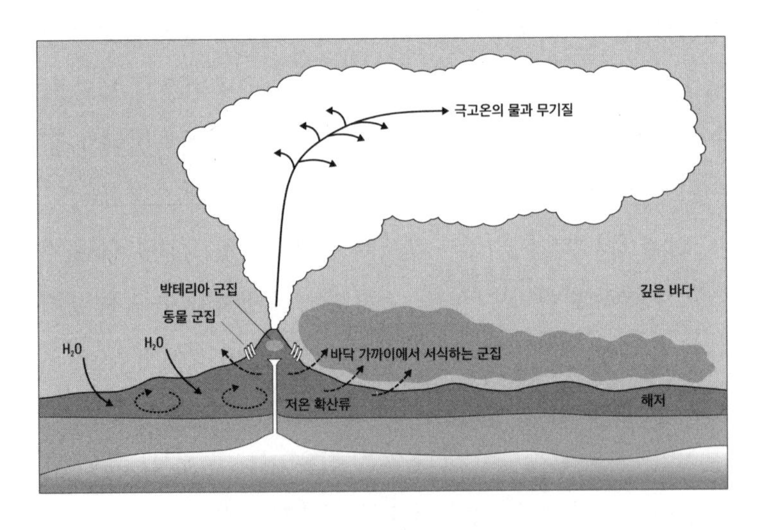

극도로 뜨거운 물과 무기질을 뿜어내는 바다 깊은 곳,
해저 열수공에서는 완전한 어둠 속에서도 생명체가 살아갈 수 있다.
태양계에서는 이런 곳 모두에서 생명체가 살아가고 있는 것 아닐까?

과거에 화성에서는 그런 생명체가 살았을지도 모른다. 이 붉은 행성이 갖는 뚜렷한 특징 하나는 현재의 화성은 과거의 화성과 매우 다르다는 것이다. 지구의 그랜드 캐니언보다 훨씬 규모가 큰 화성의 마리너 협곡Valles Marineris은 화성 표면에 강이 흐르고 홍수가 넘쳤던 시절이 있었음을 알려주고 있는 것 같다. 더구나 화성에는 얕은 바다가 있었음을 보여주는 흔적도 남아 있다.

화성의 상황은 우리에게도 커다란 의미가 있다. 지구도 45억 5000만 년 전에 탄생한 뒤로 5억 년에서 10억 년이 흐를 때까지는 어떠한 생명체도 살지 못했다. 38억 년 전쯤에 생명체가 있었다는 희미한 화학 증거는 나왔지만, 실제 화석 증거는 35억 년 전에 살았던 박테리아가 최초이다. 중요한 것은 화성은 지구보다 작아서 녹아 있던 뜨거운 암석이 지구보다 빠른 속도로 식었으리라는 점이다.[1] 그렇기 때문에 지구가 여전히 펄펄 끓는 용암으로 덮여 있을 때 화성에는 강과 바다가 있었을 수 있다. 따라서 화성에 생명체가 있었다면, 지구보다 먼저 출현했을 가능성이 있다.

지금까지 지구를 찾아온 화성 운석을 10여 개 발견했다. 그 운석들은 소행성이 화성에 부딪혔을 때 튕겨 나온 뒤, 태양 주위를 돌다가 지구 대기로 진입한 파편들이다. 극단 생물들은 격렬한 충돌로 행성에서 튕겨 나온 뒤에도 차가운 우주에서 장기간 떠돌다가 다른 행성의 대기로 들어와 지표면에 도달할 때까지도 충분히 살아남을 수 있음을 실험으로 확인했다. 38억 년 전, 화성에서 날아온 운석이 지구에 첫 번째 미생물을 전했을 가능성이 있을까? 우리가 모두 화성인일 수 있을까?

육신을 만든 우주 먼지

우리는 말 그대로 하늘에서 만들어졌다

"나는 풀잎 한 포기가 별들이 날품팔이한 결과라고 믿는다."

월트 휘트먼[1]

혈액 속에 들어 있는 철, 뼈를 이루는 칼슘, 숨을 쉴 때마다 폐를 가득 메우는 산소. 이 모든 원소는 지구가 태어나기 전에 살다가 사라진 별들의 내부에서 만들어졌다. 이 놀라운 사실—우리는 점성술사들이 상상했던 것보다 훨씬 더 별과 가까운 사이라는—을 발견하기까지는 아주 길고도 복잡한 여정을 지나와야 했다.

첫 발견은 모든 것이 원자로 이루어져 있다는 사실이었다. 파인먼은 "엄청난 재앙이 벌어지고, 이 세상 모든 과학 지식이 파괴되어 다음 세대의 생명체들에게 단 한 문장만을 전달할 수 있다면, 제한된 단어로 가장 많은 정보를 전달할 수 있으려면 어떤 문장을 남겨야 할까?"라고 질문하고 그 답은 의심할 여지없이 "모든 것은 원자로 되어 있다."라고 했다.

역설적인 것은 자연은 궁극적으로 나누어지지 않으며, 다른 물질로 바뀌지 않는 작은 알갱이로 이루어져 있다는 사실은 납을 금으로 만들려는 시도처럼, 한 물질을 다른 물질로 바꾸려는 노력을 수백 년 동안이나 한 뒤에야 분명하게 알게 되었다는 것이다. 그런데 원자는 자연의 기본 원소일 뿐 아니라 알파벳이기도 했다. 앞에서 살펴본 것처럼 원자를 다양한 방식으로 조립하면 은하부터 나무, 고릴라까지, 무엇이든 만들 수 있다. 세상의 복잡함은 환상이다. 실제로 세상의 복잡함 밑에는 단순함이 놓여 있다. 자연의 기본 구성 성분의 배열만 바꾸면 모든 것을 만들 수 있다.

자연에 존재하는 원자의 종류(원소)는 92개로, 가장 가벼운 원소는 수소이고 가장 무거운 원소는 우라늄이다. 우주에 흔하게 존재하는 원소도 있고, 드물게 존재하는 원소도 있다. 20세기에는 원자의 독특한 특성도 발견했다. 한 원소의 풍부함은 그 원소의 원자핵의 특성과 관계가 있는 것처럼 보인다는 것이다. 원자핵이 훨씬 단단하게 묶여 있는 것처럼 보이는 원자가 그렇지 않은 원자들보다 이 세상에는 훨씬 많다.

이 세상에 존재하는 원자의 수와 그 원자의 핵이 갖는 특성이 관계가 있는 이유는 무엇일까? 그에 대한 유일한 답은 '원자핵에서 일어나는 과정이 실제로 원자를 만들 때 중요한 역할을 하기 때문'이다. 92개 원소는 창조의 첫날, 창조자가 한꺼번에 만들지 않았다. 이제 막 태어난 우주는 가장 가벼운 원자인 수소만을 만들었을 뿐이다. 수소를 제외한 모든 무거운 원소들은 이 세상의 기본 원자인 수소를 가지고 만들었다.

원자핵에 들어 있는 양성자들은 서로 밀어내기 때문에, 양성자들이 충분히 가까이 있게 하려면 미국 텔레비전 SF 시리즈 '스타트렉'의 '트랙터 빔' 같은 강한 힘으로 양성자들을 붙잡은 뒤에 엄청나게 빠른 속도로 양성자들이 서로 부딪쳐 달라붙게 만들어야 한다.[2] 미시 세계의 움직임은 온도로 측정할 수 있다. 따라서 양성자들이 합쳐지려면 극단적으로 높은 온도가 필요했을 것이다.

20세기에 물리학자들이 맞닥뜨린 문제는 이거였다. 이 우주에서 원자가 만들어질 만큼 온도가 높은 용광로는 어디에 있을까? 물리학자들이 보기에 항성은 그 정도로 뜨겁지는 않을 것 같았다. 하지만 그 추론은 틀린 것으로 밝혀졌다. 하지만 그 틀린 추론 덕분에 물리학자들은 우주의 초기 순간들과 시간이 시작할 때 존재했던 용광로(빅뱅의 화염)로 관심을 집중할 수 있었다. 하지만 자연은 그렇게까지 단순하지 않다. 92개 원소를 모두 만드는 유일한 우주 용광로는 없다. 헬륨 같은 가벼운 원소는 정말로 우주가 탄생하고 처음 몇 분 동안에 만들어졌다. 그러나 무거운 원소들은 모두 빅뱅 이후에 만들어진 항성 내부에서 힘겹게 만들어지고 있다.

태양 같은 항성은 충분히 뜨겁지도, 조밀하지도 않아서 자연에서 두 번째로 가벼운 원소인 헬륨보다 무거운 원소는 전혀 만들지 못한다. 그러나 아주 무거운 항성들은 대부분 철까지 만들어낸다.[3] 무거운 항성의 내부는 양파처럼 여러 층으로 되어 있는데, 각 층은 안쪽 층이 바깥쪽 층보다 무거운 원소로 이루어져 있다.

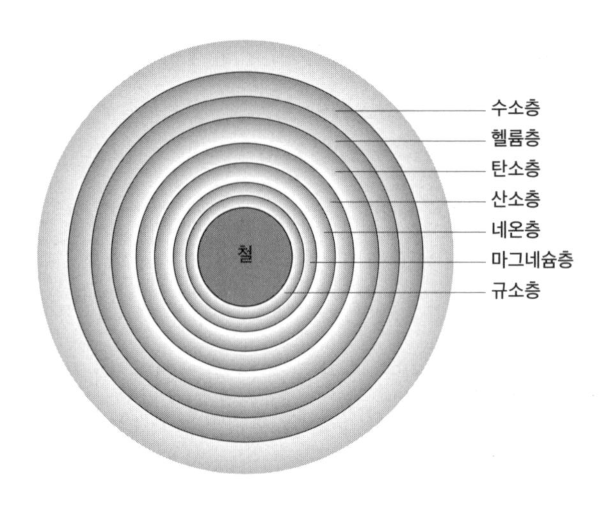

우주 양파: 무거운 항성은 내부로 들어갈수록 무거운 원소로 이루어진 층상 구조를 하고 있다. 이 항성은 초신성으로 폭발해 항성 간 우주의 물질을 더욱 풍요롭게 한다.

이런 항성들이 생애 마지막에 불안정해져 폭발하지 않으면 당연히 항성이 만든 원소들은 영원히 항성 내부에 갇혀 있을 테고, 우리는 이곳에서 존재할 수 없을 것이다. 하지만 다행히도 항성은 자신의 핵융합로에서 만든 원소를 우주로 퍼트릴 뿐 아니라, 폭발하면서 생긴 막대한 열을 이용해 철보다 더 무거운 원소들도 만들어낸다. 우주로 퍼져나간 원소들은 성운에 있는 기체나 먼지와 뒤섞여, 성운을 훨씬 풍성하게 만들어준다. 훗날 이런 성운이 흩어지면, 항성이 만든 원소들은 다시 섞이고 응축되어 새로운 항성과 행성을 만든다. 지구에 무거운 원소가 존재하는 것은 바로 그 때문이다. 미국 천문학자 앨런 샌

디지Allan Sandage의 말처럼 “우리는 모두 형제이다. 우리는 모두 같은 초신성에서 태어났다”.

별 조각이 보고 싶은가? 손을 들어보면 된다. 당신은 살로 이루어진 우주 먼지이다.

연약한 푸른 점

지구를 담은 가장 놀라운 사진은 지름이 1픽셀밖에 되지 않는다

"이 우주에는 지적 생명체가 가득 할 것이라고
확신한다. 그들이 지구에 오지 않는 이유는 그저
그들이 너무나도 지적이기 때문이다."

아서 C. 클라크

미항공우주국의 보이저 1호와 보이저 2호 우주탐사선은 1977년에 지구를 떠났다. 보이저 탐사선에는 다른 탐사선과 두드러지게 다른 특징이 있다. 구형 레코드플레이어 위에서 작동하는 홈이 파인 황금 디스크를 한 개씩 장착했다는 것이다. 과학자들은 황금 디스크에 지구의 소리와 생명체 사진, 지구인의 문화를 새겼다. 이 디스크들은 언젠가 외계 생명체에게 발견되거나, 우주로 진출한 미래의 인류가 발견할 수도 있다는 과학자들의 소망을 품고 있는, 사실상 우주 타임캡슐이다. 두 보이저호가 특별히 목표로 삼고 항해하는 항성은 없다. 그러나 4만 년 정도가 지나면 보이저 1호는 항성 글리제 445Gliese 445에서 1.6광년 안에 도달할 수 있는 지점을 통과하리라고 여겨진다.

1980년에 보이저 1호는 목성과 토성을 지나면서 두 행성의 구름과 멋진 위성 사진을 찍어 보냈고, 태양계 가장 바깥쪽에 있는 행성을 지나 2012년, 성간 공간에 진입해 다른 항성을 향해 달려가고 있다.

유명한 텔레비전 시리즈 〈코스모스〉를 진행한 칼 세이건은 최초이자 가장 저명한 행성학자이다. 세이건도 보이저 탐사팀의 일원이었다. 그는 수년 동안 미항공우주국에 보이저 1호의 카메라를 태양 안쪽으로 돌려 사진을 찍어야 한다고 주장했고, 1990년 2월 14일, 세이건의 주장을 받아들인 미항공우주국은 보이저 1호의 카메라를 태양계 안쪽으로 돌렸다.

그리고 과학의 역사에 길이 남을 멋진 사진을 한 장 찍었다. 그 사진은 아폴로 8호 팀이 적막한 달 표면 위로 떠오르는 지구를 찍은 사진과, DNA 이중 나선 구조를 처음으로 찍은 놀라운 사진과 함께 과학계가 포착한 가장 멋진 장면으로 손꼽힌다. 칠흑같이 어두운 우주를 가르고 있는 여러 줄무늬 때문에 사람들이 흔히 혼동하지만, 그 줄무늬는 전혀 중요하지 않다. 그 줄무늬는 그저 카메라 안으로 들어간 빛이 튕겨 나가면서 생긴 인공 음영이다. 중요한 것은 사진 가운데 있는 작은 파란 점이다. 이 파란 점의 지름은 1픽셀밖에 되지 않는다.

우리 70억 인구는 그 파란 점 위에서 살고 있다. 그 파란 점 위에서 모든 인류의 역사가 펼쳐지고 있다. 실제로 우리가 아는 전 생명체의 역사가 그 파란 점 위에서 펼쳐지고 있다. 그 파란 점은 당연히 지구다. 실제로 그 사진은 61억 킬로미터 떨어진 곳에서 찍은, 지구와 태양까지의 거리보다 40배나 긴 거리

에서 찍은, 지금까지의 사진 중 그 어떤 곳보다도 먼 곳에서 찍은 지구의 사진이다.[1]

희미한 파란 점: 가장 먼 곳에서 찍은 지구 사진.
보이저 1호가 지구에서 60억 킬로미터 떨어진 곳에서
찍었다(세로 줄무늬는 카메라 음영이다).

가끔 나는 이 사진과 함께 '우리는 모두 이 작은 점 위에 있다는 걸 기억해야 하지 않을까?'라는 글을 올린다. 사람들이 이 글에 내가 올리는 그 어떤 글보다도 더 많은 반응을 보이는 이유는 분명히 이 사진이 사람들이 살면서 반드시 갖춰야 할 관점을 제공해주기 때문일 것이다. 아니, 단순히 삶을 보는 관점을 제공해주는 것으로 그치지 않는지도 모른다. 이 사진은 우리가 우주에서 얼마나 외로운 존재인지를 상기시켜 주는지도 모르겠다.

우리는 우리은하 같은 은하가 2조 개나 있는 우주에서 살고 있다. 한 은하를 이루는 항성의 수는 1000억 개가량 된다. 우리 우주의 이웃을 바라보면서 우리는 우주에는 항성보다 행성이 더 많음을 알았다. 실제로 지구의 모든 해변에 있는 모든 모래알갱이보다도 우주에는 더 많은 행성이 있다. 하지만, 그토록 광활한 우주에서 생명체가 살고 있다는 사실을 우리가 알고 있는 곳은 단 한 곳뿐이다.

그 작고 희미한 파란 점 말이다.

제 7 부

우주 이야기

41

어제가 없던 날

우주가 언제나 존재했던 것은 아니다. 우주는 태어났다

"무엇보다도 첫째, 빅뱅은 그다지 크지Big 않았다.
둘째, 폭발하지도Bang 않았다. 셋째, 빅뱅 이론은 무엇이,
언제, 어떻게, 폭발했는지 말해주지 않는다. 그저 폭발이
있었다고만 한다. 따라서 빅뱅은 완전히 잘못된 명칭이다."

미치오 카쿠, 미국 물리학자

우주가 영원히 존재한 것은 아니다. 이것이 아마도 과학의 역사에서 가장 위대한 발견일 것이다. 우주는 태어났다. 그러니까 이 우주에는 어제가 없던 날도 있었다. 138억 2000만 년쯤 전에, 모든 물질과 에너지, 공간이—심지어 시간까지—빅뱅이라고 부르는 뜨거운 불덩어리 속에서 폭발해 나왔다. 이 불덩어리는 팽창하면서 식었고, 식은 파편들이 뭉쳐 수많은 항성이 모인 은하를 만들었다. 우리은하도 우주에 존재한다고 추정하는 2조 개 은하 가운데 하나이다.

과학자들은 빅뱅이라는 생각을 그다지 좋아하지 않았다. 사실은 빅뱅이라는 생각에 질질 끌려가면서 발길질을 하고 고함을 질러야 했다. 빅뱅을 인정하면, 과학자들은 너무나도 난처한 질문에 맞닥뜨려야 했기 때문이다. 빅뱅 전에는 무슨 일이

있었는가 하는 질문 말이다. 하지만 아무리 불편하다고 해도 과학자들은 자연이 명백하게 가리키고 있는 증거를 향해 가는 것 외에는 선택의 여지가 없었다. 증거들은 압도적으로 우주가 태어났음을 가리키고 있었다(그것도 까마득하게 오래전에 태어난 것이 아니었다. 우주는 지구보다 고작 세 배 더 오래 존재했을 뿐이다).

빅뱅의 증거를 제일 먼저 발견한 사람은 미국 천문학자 에드윈 허블Edwin Hubble이다. 1929년, 서던 캘리포니아 윌슨산에 있는 거대한 100인치 후커 망원경으로 하늘을 관찰하던 허블은 우주가 팽창하고 있음을, 우주를 구성하는 은하들이 포탄 파편처럼 서로에게서 떨어져 멀리 날아가고 있음을 발견했다. 허블의 발견이 뜻하는 바는 분명했다. 과거에 우주는 지금보다 작았다. 실제로 팽창하는 우주를 영화를 보다가 되감기하듯이 뒤로 돌리면 모든 것이 만들어졌던 138억 2000만 년 전에는 우주가 아주 작고도 작은 부피 안에 모두 들어간다. 이렇게 작은 부피 안에 모든 우주가 들어 있던 순간이 바로 우주 탄생의 순간, 빅뱅이다.

우주의 탄생을 빅뱅으로 설명하지 않을 방법은 한 가지뿐이다. 1948년에 영국 천문학자 프레드 호일Fred Hoyle, 헤르만 본디Hermann Bondi, 토미 골드Tommy Gold는 은하들이 서로에게서 멀어지면, 벌어진 틈에 물질을 만드는 샘이 생겨나고, 결국 샘이 만든 물질들이 뭉쳐서 은하 사이를 메꾸는 새로운 은하들이 생겨난다고 주장했다. 이런 식으로 설명하면 특별한 시작이 없으면서도 허블이 발견한 팽창하는 우주를 설명할 수 있다. 물질이 끊임없이 생성된다는 주장은 터무니없게 들리지만, 사실 모든 물질이 한 번에 폭발해 나왔다는 생각도 그에 못지않게 터무니없게 들린다.

호일, 본디, 골드의 정상우주론steady state theory의 가장 중요한 측면은 시험할 수 있다는 데 있다. 정상우주론은 우주가 언제나 같은 모습이어야 한다고 예측한다. 그런데, 1960년대에 천문학자들이 새로 탄생하는 은하의 중심에서 가장 밝은 빛을 내는 퀘이사quasar를 발견했다.[1] 퀘이사의 빛이 우주를 가로질러 지구까지 오는 데는 수십 억 년이 걸리기 때문에, 퀘이사는 옛 우주의 모습을 보여준다. 지금은 퀘이사가 전혀 없다는 사실은 우주가 변하고(진화하고) 있다는 뜻으로, 정상우주론을 반박하는 분명한 증거이다.

정상우주론을 완전히 끝낸 발견은 1965년, 뉴저지주 홈델에서 거대한 뿔처럼 생긴 전파안테나를 관리하던 두 천문학자가 했다.[1] 두 사람이 관리한 전파안테나는 AT&T 통신 회사의 벨 연구소에서 실험적으로 발사한 통신위성이 보내오는 전자파 신호를 전송하고 받는 역할을 했다. 이 두 천문학자, 아노 펜지어스Arno Penzias와 로버트 윌슨Robert Wilson은 그 전파안테나를 이용해 그들이 우리은하를 둘러싸고 있다고 믿은 초저온 수소 가스에서 방출하는 희미한 전파를 검출하고 싶었다. 하지만 하늘의 어느 방향으로 안테나를 돌려도 끊임없이 들려오는 전자파 소음 때문에 두 사람은 계속 좌절해야 했다. 하지만 사

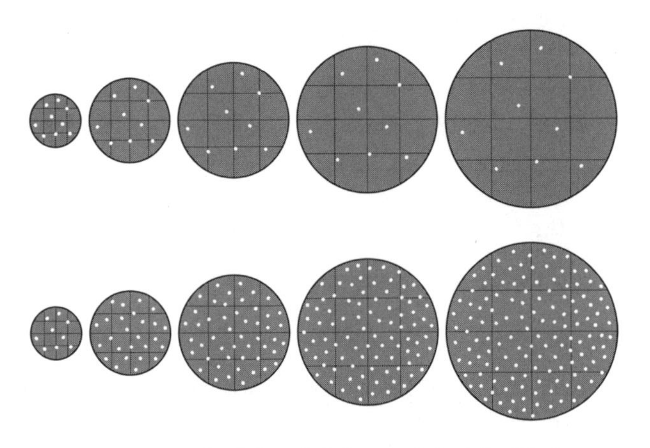

빅뱅우주론(위)에서는 시간이 흐르면 우주가 변한다.
정상우주론(아래)에서는 우주가 팽창하는 동안 새로
생성된 은하가 빈 공간을 메우기 때문에 우주는
시간의 흐름과 상관없이 변하지 않는다.

실 두 사람을 괴롭힌 전자파 소음은 빅뱅의 잔광이었다. 두 사람은 우연히 빅뱅의 잔광을 발견한 것이다. 지난 138억 2000만 년 동안 꾸준히 팽창하면서 차갑게 식었기 때문에 빅뱅의 잔광은 고에너지 가시광선이 아니라 저에너지 전자파의 형태로 존재한다.

빅뱅의 잔광인 우주배경복사cosmic background radiation를 발견한 공로로 펜지어스와 윌슨은 1978년에 노벨 물리학상을 받았을 뿐 아니라 빅뱅을 입증해 보였다. 하지만 빅뱅 이론을 믿지 않았으면서도 1949년에 한 라디오 프로그램에서 '빅뱅'이라는 용어를 만든 프레드 호일은 두 사람이 발견한 전자파가 시간의 시작을 알리는 증거임을 믿지 않았다. 그는 죽을 때까지 우주 배경복사를 수정 정상우주론에 통합할 수 있는 더 나은 방법을 찾기 위해 노력했다.

아기 우주 사진: 미항공우주국의 윌킨슨 전자파 비등방성 탐지기WMAP가 찍은 이 사진은 우주가 38만 살이었을 때의 빅뱅 화염이 방출한 '빛'을 보여준다.

우주는 반드시 팽창해야 하고, 그렇기 때문에 반드시 시작이 있어야 한다는 사실은 러시아의 알렉산드르 프리드만Alexander Fridemann이 1922년에, 벨기에의 조르주 르메트르George Lemaître가 1927년에 독자적으로 추론했다.[2] 그렇기 때문에 프리드만-르메트르 우주라고도 부르는 빅뱅 우주는 특히 과학자이자 가톨릭 사제였던 르메트르의 마음을 끌었다. 그에게는 밝게 빛나는 불덩어리 속에서 우주가 갑자기 튀어나와 존재하게 되었다는 빅뱅우주론이 '빛이 있으라 하시니 빛이 있었다'라고 말하는 창세기의 신이 만든 우주와 완벽하게 일치하는 것처럼 보였을 것이다.

프리드먼과 르메트르는 사실 1차 세계 대전이 한창이던 1915년에 발표한 아인슈타인의 중력 이론(일반 상대성 이론)에서 팽창하는 우주를 유추해냈다. 1916년에 아인슈타인은 자신의 중력 이론을 상상할 수 있는 가장 큰 질량을 가진 중력 물질(전체 우주)에 적용했지만, 자신이 만든 방정식이 보내는 신호는 놓쳤다. 과학자들이 흔히 하는 실수를 한 것이다. 과학자들은 우주가 정말로 자신들이 칠판 위에 휼려 쓴 난해한 공식에 맞춰 춤을 추고 있다는 사실을 쉽게 받아들이지 못한다. 노벨 물리학상 수상자 스티븐 와인버그Steven Weinberg의 말처럼 "물리학자들이 하는 실수는 자신들의 이론을 너무 심각하게 받아들이는 것이 아니라 충분히 심각하게 받아들이지 않는다는 것이다".

우주가 불덩어리 속에서 탄생했다는 사실은 과학계에 커다란 과제를 던졌다. "우리가 빅뱅이 있었다는 말을 할 때마다 사람들은 그렇다면 그전에는 무슨 일이 있었는지를 알고 싶어 한다. 우리가 빅뱅 이전의 상황을 알아낸다면, 그 이전에는 무슨 일이 있었는지를 물을 것이다."[3] 우주배경복사를 관측해 현대 우주론을 발전시킨 공로로 노벨 물리학상을 받은 존 매더John Mather의 말이다. 왕립 천문학자 마틴 리스Martin Rees는 "우리는 빅뱅의 초기 단계까지 거슬러 올라가 있었던 일을 알아낼 수 있지만, 여전히 무엇이 폭발한 것인지, 무엇 때문에 폭발한 것인지는 알지 못한다. 그것을 알아내는 것이 21세기 과학이 풀어야 할 과제다."라고 했다.

유령 우주

우리가 망원경으로 보는 우주는 실제로는 그곳에 없다

"우주는 커. 그저 네가 우주는 아주 광활하고,
방대하고, 상상도 못 할 정도로 크다는 사실을
믿지 않는 것뿐이야. 내 말은, 그 화학자의 집까지
가는 길은 아주 멀다고 생각하겠지만, 우주에
비하면 아주 보잘것없는 거리라는 거지."

더글러스 애덤스[1]

당신은 런던 중심부에 살고 있다. 문득 창문을 내다보니 100미터 떨어진 곳에서 마차가 거리를 막고 있는 것이 보인다. 350미터 떨어진 곳에서는 대화재가 나 하늘이 온통 불타는 빨간색이다. 2킬로미터 떨어진 곳에서는 이제 막 로마 군선이 템스강의 습지로 들어서고 있다. 이게 무슨 터무니없는 소리냐고? 이것이 바로 망원경을 들고 우주를 쳐다보는 천문학자들이 경험하는 일이다.

위의 이야기는 빛이 100년에 100미터 가는 속도로 느리게 이동하면서, 런던에서 일어난 일들을 아주 느린 속도로 전해줄 때, 당신이 런던 중앙에 있는 건물의 창문을 내다보면 보게 될 풍경들이다. 물론 실제로 빛은 초속 30만 킬로미터나 되는 빠른 속도로 이동한다. 하지만 빛이 지구에 도달하려면 정말로 방대한 우주를 가로질러야 한다. 그 때문에 아무리 빠른 빛이라고 해도 우주 달팽이가 기어가는 속도로 움직이는 것처럼 보일 수밖에 없다.

더 먼 우주를 볼수록 시간은 더 거슬러 올라간다. 달을 보면 1.25초 전으로 돌아가고, 태양을 보면 8.5분 전으로 돌아가고, 가장 가까운 항성계인 알파 센타우리를 보면 4.25년 전으로 돌아간다. 말 그대로 지금 이 순간의 우주의 모습을 볼 수 있는 방법은 없다. 우리 우주에서 '지금'이라는 개념은 정말로 아무 의미가 없다.

아마도 우리는 충분히 근거를 가지고 지금 이 순간, 달과 태양과 가장 가까운 항성계가 존재한다는 결론을 내릴 수 있을 것이다. 어쩌면 250만 광년 떨어져 있는 우리은하와 가장 가까운 외계 은하인 안드로메다은하도 지금 존재한다고 믿어도 좋을 것이다. 하지만 수십억 년 거리에 있는 먼 곳에 있는 은하들에 관해서는 어떤 결론도 내릴 수 없다. 그 은하들은 오래전에 사라졌고, 은하를 이루던 별들은 빛을 바랬고, 은하의 중심은 다른 은하에 흡수됐을 수도 있다. 예를 들어 퀘이사를 살펴보자. 퀘이사는 '거대한' 블랙홀 주변에 있는 물질이 블랙홀 안으로 맹렬하게 빨려들어 가면서 엄청나게 가열되어 밝은 빛을 내는 발광체이다.[2] 퀘이사는 가스와 산산조각이 난 항성에서 공급받던 에너지원을 모두 사용했다. 따라서 현재 우주에는 퀘이사가 존재하지 않는다. 우리 망원경에 나타난 퀘이사는 오래전에 희미해지고 사라져버린 엄청나게 밝은 불덩어리가 남긴 꺼지지 않는 잔상이라고 할 수 있다.

광대한 우주를 달팽이처럼 이동하는 빛 때문에 망원경은 사실상 타임머신으로 바뀐다. 여기서 자연은 한 손으로 빼앗아 간 것을 관대하게도 다른 손으로 돌려준다. 우리는 '지금'의 우주가 어떻게 생겼는지는 알 수 없지만, 점점 더 먼 우주를 바라봄으로써 초기 우주가 어떤 식으로 변해왔는지를 확인할 수 있다. 그것은 역사가와 고고학자들이 얻을 수만 있다면 죽음까지도 불사하려는 능력이며, 천문학자들이 빅뱅부터 현재까지, 우주의 모든 진화를 볼 수 있게 해주는 능력이다.

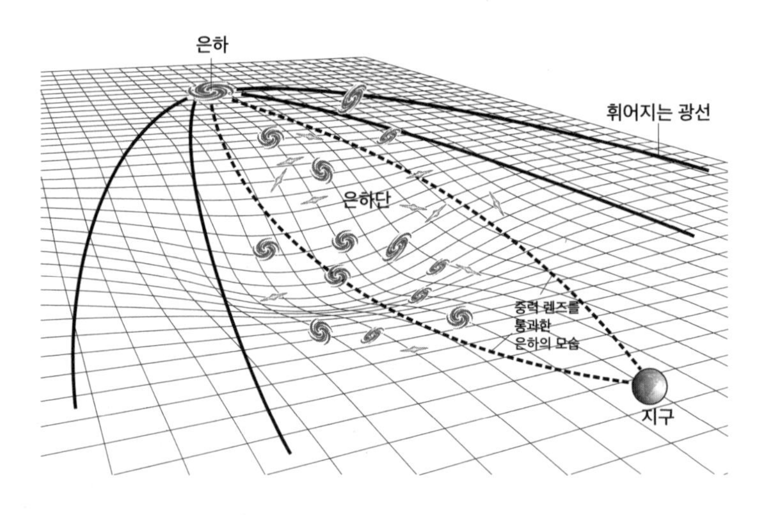

왜곡된 우주: 지구로 오는 동안 머나먼 은하에서 출발한 빛은 지나는 곳 옆에 있는 은하들의 중력 렌즈 때문에 휘어진다.

그런데, 이 이야기에는 더 큰 반전이 있다. 우리가 망원경으로 보는 우주는 대부분 이제는 더는 존재하지 않을 뿐 아니라, 존재했을 때의 모습이 지금 우리가 보는 모습과는 달랐다는 것이다. 그 이유는 먼 곳에 있는 은하의 빛은 지구까지 오는 먼 여행을 하는 동안 훨씬 더 많은 은하 옆을 지나게 된다는 데 있다. 이 은하들의 중력은 먼 은하의 빛을 계속해서 구부리고 휘게 한다. 수증기가 서린 욕실 거울을 보면 모습이 왜곡되어 보이는 것처럼, 중력 렌즈 현상을 일으키는 은하들의 중력 때문에 휘어진 빛은 먼 은하의 원래 모습을 제대로 보여주지 못한다. 우리는 유령 우주에 살고 있을 뿐 아니라, 우리가 관찰하는 유령조차도 본 모습으로 볼 수는 없다!

어둠의 심연

우주의 97.5퍼센트는 보이지 않는다

"암흑물질은 어디에나 있다.
이 방에도, 그 밖에 다른 모든 곳에도."
파비올라 자노티, 이탈리아 입자 물리학자

우주의 97.5퍼센트는 볼 수 없다. 당신이 이런 기술을 어떻게 받아들이든지 간에, 이 사실은 과학의 역사에서 가장 놀라운 발견 가운데 하나일 수밖에 없다. 하지만 이 같은 사실은 과학자들 거의 대부분의 의식에는 아직 스며들지 못했다. 많은 과학자가 자신들이 공부해왔던 모든 것이, 350년이 넘는 시간 동안 과학계가 집중적으로 연구했던 모든 것이 사실은 산 위에서 흩날리는 눈처럼 우주를 조금 더럽힌 오염 물질일 뿐임을 깨닫지 못하고 있는 것이다.

당신과 나, 항성과 은하를 만든 물질인 원자는 우주의 전체 구성 성분 가운데 4.9퍼센트 정도를 차지하며, 우리가 망원경으로 직접 관찰할 수 있는 물질은 그 가운데 절반에 지나지 않는다. 천문학자들은 나머지 절반은 은하들 사이에 기체 형태로 떠돌아다닐 텐데, 그 물질들은 너무나도 뜨겁거나 차가워서 빛을 내지 않을 것이라고 추정하고 있다. 실제로 최근에는 직접 관찰할 수 없는 물질들은, 전부는 아니라고 해도 일부는 뜨거운 기체 필라멘트의 형태로, 은하들 사이에 아주 희미한 물질망을 이루고 있다는 주장도 나왔다.[1]

우주의 구성 성분 가운데 4.9퍼센트 정도를 차지하고 있는 일반 물질보다 여섯 배 정도 많은 성분은 전체 구성 성분의 26.8퍼센트를 차지하고 있는 암흑물질이다. 암흑물질은 전혀 빛을 내고 있지 않거나, 사람이 가진 가장 민감한 천문 장비로도 감지할 수 없을 만큼 약한 빛을 낸다. 암흑물질의 존재를 알 수 있는 이유는 오직 하나, 암흑물질의 중력이 눈에 보이는 항성이나 은하를 잡아당겨, 뉴턴의 중력 법칙이 예측한 결과와는 다른 식으로 물질을 움직이게 하기 때문이다.

암흑물질이 정확히 무엇인가에 대해서는 당신만큼이나 나도 아는 것이 없다. 아직 발견하지 못한 아원자 입자라고 생각하는 사람도 있고, 빅뱅의 초기 순간에 살아남은 냉장고만 한 블랙홀이라고 생각하는 사람도 있고, 시간이 거꾸로 가는 미래라고 생각하는 사람도 있다(정말이다!).[2] 암흑물질이 아직 발견하지 못한 아원자 입자라면, 암흑물질은 이 순간에도 우리를 둘러싼 공기 속에 들어 있을 것이다. 그렇다면 암흑물질은 스위스 제네바 근교에 있는 거대 강입자 충돌기에서 발견할 수도 있다는 희망을 품어볼 수 있다. 하지만 아직까지는 즐거운 소식은 들려오지 않고 있다. 나는 조금 여유가 생기면 늘 이 세상에는 암흑 항성과 암흑 행성과 암흑 생명체가 있는 게 아닐까

하는 생각을 한다. 50년 동안 우리가 외계 지적 생명체를 찾지 못한 이유는 우리 주위에서 복잡한 은하 간 교역을 하고 있는 존재들이 이런 암흑의 존재들이기 때문일 수 있다는 생각도 한다. 눈에 보이지 않는 존재들이 활동하고 있는 게 아닐까 생각하는 것이다.

그런데 우주에는 평범한 물질 4.9퍼센트, 암흑물질 26.8퍼센트 외에도 우주 구성 성분의 68.3퍼센트나 되는 많은 양을 차지하고 있는 성분도 있다. 암흑 에너지다(모든 에너지는 아인슈타인의 유명한 공식 $E=mc^2$에 따라 결정되는 등가 질량을 갖는다는 사실을 기억해야 한다). 눈에 보이지 않는 암흑 에너지는 우주 전체에 퍼져 있으며, 중력에 반발하는 힘으로 작용한다. 중력에 반발하는 힘 덕분에 우주의 팽창 속도는 빨라지고 있다. 우주의 빨라지는 속도 덕분에 과학자들은 1998년에 암흑 에너지를 발견할 수 있었다. 그러니까 암흑 에너지는 아주 최근에 발견한 것이다. 20여 년 전까지만 해도, 과학자들은 우주에서 가장 많은 구성 성분에 대해 전혀 몰랐다.

암흑물질이 물리학자들을 당혹스럽게 만들었다면 암흑 에너지는 물리학자들을 망망대해에 빠뜨린 것이나 마찬가지였다. 현재 가장 뛰어난 물리학 이론은 양자 이론이다. 양자 이론은 기가 막히게 성공했다. 양자 이론 덕분에 우리는 레이저와 컴퓨터와 원자로를 갖게 됐다. 양자 이론은 태양이 빛나는 이유와 우리가 땅에 발을 딛고 서 있을 수 있는 이유를 설명해준다. 그런데 양자 이론을 이용해 진공의 에너지(즉, 암흑 에너지의 에너지)를 예측하자 관측 결과보다 0이 120개나 더 많은 수가 나왔다. 과학사에서 관측과 예측 결과가 이렇게 크게 차이 나는 경우는 없었다. 따라서 실재를 우리가 크게 잘못 생각하고 있다고 말하는 것도 논란의 여지는 없다고 생각한다.

미국 천문학자 스테이시 맥거프Stacy McGaugh는 "현대 우주론의 가장 난감한 측면은 이 우주를 가장 많이 차지하고 있는 보이지 않는 것들이다. 암흑물질과 암흑 에너지는 우주 전체 질량-에너지의 95퍼센트를 차지하고 있는데도, 우리는 두 성분에 관해서는 생각밖에는 할 수 있는 것이 없다."라고 했다.[3]

우리가 구축한 우주의 모습이, 현대 우주론의 위대한 체계가 사실은 망원경으로 직접 관측할 수 있는 고작 2.5퍼센트밖에 되지 않는 우주의 일부 구성 성분을 토대로 세웠다는 사실에는 정말 정신이 번쩍 들 수밖에 없다. 19세기에 찰스 다윈이 개구리에 관해서는 알고 있었지만 나무나 개, 메뚜기, 상어 같은 다른 생명체에 관해서는 아는 것이 전혀 없었다고 생각해보자. 그런 다윈이라면 과연 자연선택에 의한 진화론이라는 실용적인 생물학 이론을 생각해낼 수 있었을까? 우주론자들은 지금 개구리는 알지만 그 밖에 나머지 모든 것은 알지 못하고 있다. 너무나도 많은 생각을 놓치고 있다는 것은 분명한 사실 같다. 희망이 있다면, 우리가 잃어버린 거대한 생각만 찾아낸다면 지금은 기본적인 빅뱅 이론에 임시로 붙여놓은 암흑물질과 암흑 에너지를 제대로 붙여 이음새가 매끈한 우아한 이론을 만들어낼 수 있다는 것이다. 우리 앞에 놓인 엄청난 놀라움을 기대하자. 우주를 보는 우리의 관점을 완전히 바꿔줄지도 모를 놀라움이 기다리고 있다!

탄생의 잔광

우주에 있는 광자의 99.9퍼센트는 항성이나 은하에서 온 것이 아니다. 빅뱅이 남긴 잔열이다

"아직 창조의 잔영이 남아 있던 시절에, 우주의 대가들이 아직은 너무 어려서 소수의 세상에만 생명이 존재했을 때의 문명을 생각해봐. 그들은 아마도 끝없는 무한을 바라보아도 자기 생각을 나눌 존재 하나 없는 외로운 신들이었을 거야.

아서 C. 클라크[1]

빅뱅의 불덩어리는 폭발한 핵무기의 불덩어리와 같다. 하지만 핵무기가 만든 열기는 한 시간이나 하루, 한 주 정도 지나면 멀리 흩어져 사라진다. 하지만 빅뱅의 열기는 갈 수 있는 다른 곳이 없다. 당연히 빅뱅의 열기는 모두 이 우주에 갇혀 있을 수밖에 없다. 그렇기에 빅뱅의 잔열은 아직도 우리 주위에 있다. 지난 138억 2000만 년 동안 우주가 팽창했기 때문에 아주 많이 식어서 지금은 눈에 보이는 가시광선이 아니라 눈에 보이지 않는 전파의 형태로 남아 있지만 말이다.[2]

전파는 스마트폰으로 다른 사람과 소통할 때, 전자레인지로 음식을 데울 때, 텔레비전 프로그램을 전송할 때 사용한다. 구식 아날로그 텔레비전 다이얼을 돌리면서 채널을 바꿀 때면 텔레비전 화면에 나타나는 전파 잡음의 1퍼센트는 실제로 빅뱅의 잔광이다(장파를 이용하는 라디오 채널을 바꿀 때 들을 수 있는 잡음도 1퍼센트는 빅뱅의 잔광이 내는 소리이다). 텔레비전 안테나나 라디오 안테나에 잡히기 전에 텅 빈 우주를 138억 2000만 년 동안 가로질러 온 이 빅뱅의 잔광이 마지막으로 접촉한 것은 시간이 시작될 때 존재했던 불덩어리였다.

놀랍게도 우주에 존재하는 전체 광자(빛 입자)의 99.9퍼센트는 빅뱅의 잔광과 관계가 있다. 항성이나 은하에서 나온 광자는 0.1퍼센트에 불과하다. 이 우주배경복사는 우주의 가장 두드러진 특징이다. 우리 눈이 가시광선이 아니라 전파를 볼 수 있다면, 전 우주는, 텅 비어 있는 우주는 온통 하얗게 빛나고 있을 것이다. 마치 거대한 백열전구 안에 들어가 있는 것처럼 말이다. 앞에서도 살펴본 것처럼 우주배경복사는 1965년까지는 발견하지 못했을 뿐 아니라, 발견 그 자체도 전적으로 우연이었다.

문제는 우리 주변에 있는 모든 것이 전파를 내고 있기 때문에 빅뱅이 남긴 전파를 찾기가 힘들다는 것이다. 1964년, 뉴저지주 홈델에서 두 과학자가 맞닥뜨린 어려움이 바로 그것이었다. 아노 펜지어스와 로버트 윌슨은 전파를 감지하는 거대한 전파안테나를 천문학 연구에 사용할 수 있다는 조건에 이끌려 벨 연구소로 왔다. 두 사람이 안테나로 포착하고 싶었던 신호는 우리은하를 둘러싸고 있을 것으로 생각한 초저온 수소 기체였다. 두 사람은 수소 기체가 보내오는 전파 신호는 아주 약할 것이기 때문에 먼저 우리은하를 둘러싼 수소 기체가 아닌 다른 전파원(근처에 있는 건물이나 나무, 하늘, 심지어 안테나를 만든 금속 같은)의 전파를 먼저 측정해야 한다고 생각했다. 다른 모든 전파원의 신호들을 제거해야만 자신들이 찾는 전파만을 남길 수 있을 거라고 생각했기 때문이다.

하지만 펜지어스와 윌슨이 다른 전파원의 잡음을 모두 제거한 뒤에도 계속해서 일정한 잡음이 사라지지 않고 남았다. 온도가 절대온도보다 3도밖에 높지 않은, 즉 −270°C인 물체가 방출하는 전파가 사라지지 않고 남는 것이었다.[3] 처음에 두 사람은 그 잡음이 홈델의 지평선 바로 위에 있는 뉴욕시에서 방출하는 전파일 것이라고 생각했다. 하지만 안테나의 방향을 바꿔 하늘로 향하게 했을 때에도 잡음은 사라지지 않았다. 그다음으로 두 사람은 그 잡음이 전파를 방출한다고 알려진 목성과 같은 태양계 내부의 천체가 보내오는 신호라고 생각했다. 하지만 몇 달이 지나고 지구가 태양 주위를 돌면서 위치가 바뀌어도 일정한 잡음은 사라지지 않았다. 펜지어스와 윌슨은 이 잡음이 최근에 실시한 핵폭탄 실험에서 방출된 고속 전자일 수도 있다고 생각했다. 하지만 두 사람의 기대와 달리, 아무리 시간이 지나도 잡음은 사라지지 않았다.

마침내, 이 두 천문학자의 눈에 안테나 안쪽, 좁은 가장자리에 둥지를 튼 비둘기 두 마리가 보였다. 전파를 감지하는 장비는 안테나 끝에 연결한 작은 통에 설치되어 있었다. 전자 장비는 냉장고에 보관했는데, 냉장고에서는 열이 났기 때문에 비둘기들이 따뜻하고 안락한 냉장고 뒤쪽에 자리를 잡은 것이다. 매서운 뉴저지주의 겨울에 할 수 있는 탁월한 선택이었다. 펜지어스와 윌슨은 이 비둘기들이 안테나 안쪽에 흰색 유전체*를—좀 더 일반적인 용어로 불러보자면, 비둘기 배설물을—발라 놓는다는 사실을 발견했다. 이 유전체 때문에 전파가 빛을 내 잡음이 끊이지 않고 들리는지도 몰랐다.

두 천문학자는 비둘기들을 잡아 회사 우편물로 다른 장소로 보낸 뒤에 고무장화를 신고 단단한 빗을 가지고서 안테나 안쪽을 덮은 비둘기 배설물을 모두 긁어냈다.[4] 하지만 실망스럽게도 배설물을 모두 청소한 뒤에도 잡음은 사라지지 않았다.

1965년 봄이 되었고, 두 사람은 천문학 연구를 전혀 하지 못했다. 그때 펜지어스에게 동료 과학자가 전화를 해왔다. 전혀 다른 용건으로 받은 전화였지만, 그는 홈델에서 자신과 윌슨이 겪고 있는 문제에 관해 불평을 늘어놓을 수밖에 없었다. 펜지어스의 불평을 듣던 동료 과학자는 느슨하게 앉아 있던 몸을 바짝 세웠다. 동료 과학자는 얼마 전에 홈델에서 50킬로미터 정도밖에 떨어지지 않은 프린스턴 대학교에서 진행하고 있는 실험에 관해 설명하는 제임스 피블스James Peebles의 강연에 참석했다. 그 무렵, 프린스턴 대학교 연구팀은 빅뱅의 잔광을 찾으려고 애쓰고 있었다. 동료 과학자와 통화를 끝내자마자 펜지어스는 프린스턴 대학교에 있는 피블스의 상사, 로버트 디키Robert

---

* 전기장 안에서 극성을 띠는 절연체.

Dicke에게 전화를 걸었다. 그때 디키는 연구팀과 함께 교수실에서 점심 도시락을 먹고 있었다. 전화를 끊은 디키는 동료들을 돌아보며, "음, 여러분. 우리, 추월당했어."라고 했다.

펜지어스와 윌슨이 발견한 복사선은 현재 절대온도보다 2.726도 높다고 알려져 있다. 스티븐 호킹은 "빅뱅이 남긴 복사선은 지금 우리가 전자레인지에서 사용하는 전자파와 동일하지만, 훨씬 약하다. 피자를 -271.3°C로 가열한다고 생각해보라. 조리는커녕, 해동도 제대로 되지 않을 것이다."라고 했다.

우주가 빅뱅으로 태어났음을 확증해준 우주배경복사를 발견한 공로로 펜지어스와 윌슨은 1978년에 노벨 물리학상을 받았다. 그렇다면 비둘기들은 어떻게 됐을까? 귀소 본능이 뛰어났던 비둘기들은 홈델의 안테나로 돌아왔고, 슬프게도 총에 맞아 죽었다. 비둘기들은 사라졌지만, 비둘기들의 배설물 이야기는 천문학책에서 영원히 살아남았다. 물리학의 역사에서 그토록 심오한 것이 너무나도 평범한 것으로 간주된 경우는 우주배경복사 외에는 없을 것이 거의 분명하다.

우주의 수수께끼

은하의 중심에는 어김없이 검은과부거미처럼 거대한 블랙홀이 숨어 있는데, 그 이유는 아무도 모른다

"자연의 블랙홀은 우주에서 가장 완벽한
거시적 물체이다. 블랙홀의 구성 성분은 오직,
시간과 공간에 관한 우리의 개념뿐이다."

수브라마니안 찬드라세카르, 파키스탄계 미국 천문학자

2만 7000광년 떨어져 있는 우리은하의 어두운 중심에는 태양보다 질량이 430만 배나 큰 거대한 블랙홀이 있다.[1] 정말 어마어마하게 큰 블랙홀이지만, 궁수자리 A* 별에 있는 이 블랙홀도 몇몇 다른 은하의 중심부에 있는 태양 질량의 500억 배나 되는 큰 블랙홀에 비하면 아기처럼 느껴진다. 이제 우리가 풀어야 할 큰 질문은 이렇다. 도대체 그곳에서 블랙홀들은 무엇을 하고 있는 걸까?

블랙홀은 중력이 너무나도 강해서 빛조차도 빠져나올 수 없어 컴컴하게 보이는 시공간 구역이다. 블랙홀은 아인슈타인의 중력 이론인 일반 상대성 이론이 예측했다. 블랙홀은 물질과 빛이 넘어가면 다시는 돌아올 수 없는 가상의 경계막인 사건 지평선에 둘러싸여 있다. 사건 지평선 안에서는 시간이 크게 왜곡되기 때문에 시간과 공간이 실제로 위치를 바꾼다. 블랙홀의 중심에서 모든 물질이 부서져 어떠한 것도 존재하지 않는 특이점singularity이 생길 수밖에 없는 이유는 바로 그 때문이다. 특이점은 공간은 가로지르지 않지만, 시간을 가로질러 존재하기 때문에 내일을 피할 수 없는 것처럼 특이점도 피할 수 없다.

한때 블랙홀은 과학이라기보다는 과학 소설처럼 여겨졌다. 그 자신의 이론으로 블랙홀을 예측하게 한 아인슈타인조차도 블랙홀이 실제로 존재한다고는 믿지 않았다. 하지만 1971년에 미항공우주국의 우후루 X선 인공위성이 항성 질량을 가진 백조자리 X-1 블랙홀을 발견했다. 그런데 훨씬 더 인상적인 블랙홀이 그보다 8년 전에 발견됐다.

1963년에 네덜란드계 미국 천문학자 마르텐 슈미트Maarten Schmidt가 퀘이사를 발견했다. 퀘이사는 엄청나게 밝게 빛나는 새로 태어난 은하의 핵이다. 빛이 우리에게 올 때까지 우주의 나이만큼 긴 시간이 걸리는 먼 거리에 있는 퀘이사는 시간의 시작을 보여주는 횃불이다. 일반적으로 퀘이사는 태양계보다 작은 지역에서 우리은하 100개를 합친 은하가 내는 에너지를 발산한다. 항성의 에너지 공급원인 원자력 에너지로는 그만 한 에너지를 낼 수 없다. 따라서 퀘이사에 에너지를 공급할 수 있는 유일한 에너지원은 블랙홀 내부로 끌려들어 가면서 수백만 도로 가열되는 물질뿐이다. 이때 블랙홀은 항성 질량 블랙홀이면 안 된다. 태양보다 수십억 배나 질량이 큰 거대 블랙홀이어야 한다.

슈미트가 퀘이사를 발견하고도 오랫동안 천문학자들은 거대 블랙홀은 오직 활동 은하에서만 에너지를 공급받는 우주의 변칙 사례라고 생각했다. 가장 활발하게 활동하는 1퍼센트 은하에서만 나타나는 극단적인 형태라고 생각한 것이다. 하지만 1990년에 지구 대기권으로 쏘아 올린 미항공우주국의 허블 우주 망원경이 그런 생각이 틀렸음을 보여주었다. 극도로 민감한 허블 우주 망원경은 수백 개 은하의 중심에서 돌고 있는 항성의 속도를 측정할 수 있었고, 결국 거대 블랙홀은 전체 은하의 1퍼센트가 아니라 거의 모든 은하의 중심에서 소용돌이치고 있음을 밝힐 수 있었다. 다른 곳에 있는 거대 블랙홀이 눈에 띄지 않는 이유는 밝은 빛을 내려면 필요한 성간 가스와 항성 조각 같은 연료를 모두 사용해 버렸기 때문이다. 우리은하의 중심에 있는 궁수자리 A* 별처럼, 그저 잠자고 있는 것이다.

거의 모든 은하의 중심에 거대 블랙홀이 존재하는 이유는 무엇일까? 은하가 블랙홀을 만든 것일까, 아니면 거대 블랙홀이 '씨앗'이 되어 은하가 형성된 것일까? 이 두 질문은 우주론이 아직 풀지 못한 중요한 질문들이다.

항성 질량 블랙홀은 죽어가는 별이 엄청나게 수축해 만들어진다고 여겨지고 있다. 그러나 거대 블랙홀의 생성 과정은 완전히 의문에 싸여 있다. 어쩌면 거대 블랙홀은 은하의 중심부에 모여 있던 여러 항성 질량 블랙홀들이 붕괴된 뒤에 다시 뭉쳐서 만들어졌을 수도 있다. 아니면 아주 거대한 가스 구름이 수축해 생성됐을 수도 있다. 문제는 천문학자들이 관측한 거대

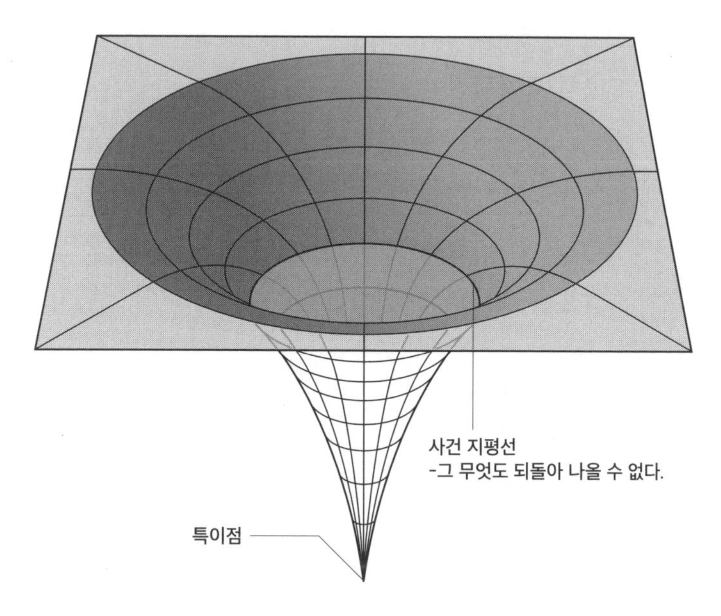

블랙홀은 바닥이 없는 시공간의 우물이다. 사건 지평선을 넘어간 빛은 결코 블랙홀 밖으로 나올 수 없다. 사건 지평선 안으로 들어간 빛의 운명은 특이점에서 사라지는 것이다.

블랙홀들은 우주가 현재 나이의 4퍼센트 정도밖에 되지 않았을 때 이미 태양 질량보다 수십억 배나 무거워졌다는 것이다. 빅뱅 후 고작 5억 년도 지나지 않았을 때 그토록 커졌다는 뜻이다. 블랙홀이 그토록 빠른 속도로 커질 수 있었던 이유는 상상하기 어렵다.

그런데, 사람의 기준으로 보면 거대 블랙홀은 어마어마하게 크지만, 블랙홀의 모母은하에 비하면 극단적으로 작은 크기이고, 은하의 항성들이 차지하고 있는 질량과 비교하면 너무나도 작은 질량을 차지하고 있다. 놀라운 점은 거대 블랙홀은 어디에서나 모은하에 지워지지 않는 흔적을 남긴다는 것이다. 예를 들어 은하의 중심에 있는 항성들의 질량은 일반적으로 블랙홀 질량의 1000배 정도이다. 분명히 거대 블랙홀과 모은하는 긴밀한 관계를 맺고 있다. 둘의 관계는 마치 박테리아만큼 작은 블랙홀이 뉴욕만큼 거대한 은하를 건설하는 지휘자 역할을 하고 있는 것만 같다!

아주 작은 거대 블랙홀이 자신의 힘을 방대한 우주에 미치게 하는 수단은 제트jet이다. 망각 속으로 소용돌이쳐 내려가는 기체 속에서 형성된 뒤틀린 자기장이 추진력을 제공하는 제트(엄청나게 빠른 속도로 움직이는 물질들의 통로)는 회전하는 블랙홀의 극에서 바깥쪽으로 분출한다. 은하의 항성들을 뚫고 은하간 우주로 나간 제트는 그곳에서 거대한 풍선처럼 생긴 뜨거운 기체 덩어리를 만드는데, 그중에는 알려진 우주에서 가장 큰 구조물을 이루는 기체 덩어리도 있다.

사실 이 기체 덩어리가 거대 블랙홀이 존재할 수도 있다는 첫 번째 단서를 과학계에 제공했다. 1950년대에 전파 천문학자들은 전시에 사용한 레이더를 개조했고, 이 레이더를 이용해 특정 은하에서 관측한 전파는 항성이 모인 중심부가 아니라 이상하게도 은하의 양옆으로 튀어나온 돌출부에서 방출하고 있음을 알아냈다.

1980년대 초반에는 뉴멕시코주에 있는 전파안테나Very Large Array를 이용해 은하의 돌출부에 기체를 공급하는 실처럼 가는 제트를 처음으로 촬영하는 데 성공했다. 제트는 물질을 가속하려는 인류의 보잘것없는 시도를 비웃는다. 수십억 유로를 들여 건설한 거대 강입자 충돌기는 나노그램의 물질을 휘저어 빛의 속도에 훨씬 못 미치는 속도로 물질을 가속 시킬 수 있지만, 우주가 만든 자연의 제트는 매년 태양 질량보다 몇 배나 많은 물질을 휘저어 인류가 만들어내는 최대 속도로 물질이 움직이게 한다.

거대 블랙홀의 제트는 모은하의 모습도 결정한다. 제트는 은하의 안쪽에서는 아주 강력하고도 빠른 속도로 항성의 재료인 기체를 은하 바깥쪽으로 내몰아 항성의 생성을 방해하며, 바깥쪽에서는 느린 속도로 움직이면서 기체 구름에 부딪혀 구름이 중력 붕괴를 일으키면서 새로운 항성이 생성되게 한다.

그런데 거대 블랙홀이 은하를 만드는 방법은 그저 항성을 만들거나 만들지 못하게 하는 것에 그치지 않는다. 컬럼비아 대학교 천체물리학자 칼렙 샤프Caleb Scharf는 생성되는 항성의 특징도 제트가 결정한다고 했다. 샤프는 가장 규모가 큰 거대 블랙홀이 있는 은하(거대 타원 은하)에는 차갑고 붉은 오래된 항성들이 상당히 큰 비율을 차지하고 있는데, 그 이유는 거대 블랙홀 때문일 수 있다고 했다.[2] 이런 항성들은 생명체에게 필요한 탄소나 마그네슘, 철 같은 무거운 원소가 거의 없는 행성을 낳는다. 그런 행성의 표면에서는 생명을 만드는 화학 작용이 일어나지 않는다는 증거도 있다. 그는 "지구에서 생명체가 나타날 수 있었던 이유는 우리은하의 중심에는 비교적 작은 블랙홀이 있기 때문일 수도 있다. 우리은하의 중심에 큰 블랙홀이 있었다면 태양과 지구는 결코 태어나지 못했을 수도 있다."라고 했다.

저 멀리까지 우주를 바라보면 다양한 은하들이 보인다. 샤프가 옳다면, 작은 거대 블랙홀이 있는 은하들은 생명이 넘치는 행성으로 가득 할 것이다. 하지만 아주 큰 거대 블랙홀이 있는 은하들은 생명이 없는 불모의 행성으로 가득 찬 죽은 세상일 것이다.

우주론은 천대하던 블랙홀을 받아들였다. 한때는 우주의 변칙 현상이라고 생각했지만, 이제는 우주에서 아주 중요한 역할을 하는 존재로 인정하고 있다. 우리은하의 중심에 적당한 크기의 블랙홀이 자리하고 있지 않았다면, 이 글을 읽는 당신은 존재할 수 없었을 것이다.

뒤집힌 중력

누구나 중력은 빨아들이는 힘이라고 생각한다. 하지만 우주 대부분의 장소에서 중력은 부는 힘으로 작용한다

"나는 중력을 거부해요."

매릴린 먼로

중력은 모든 물질 덩어리와 모든 다른 물질 덩어리 사이에 작용하는 보편 힘이다. 당신과 당신 주머니에 있는 동전 사이에도, 당신과 거리에서 당신 옆을 지나가는 사람 사이에도 (두 경우 모두 너무나도 미약해서 힘이 작용한다는 사실을 눈치채지 못하겠지만) 중력이 작용한다. 지구와 달 사이에도, 태양과 달 사이에도 중력은 작용한다. 이런 경우 모두에서 중력은 끌어당기는 힘으로 작용한다.

하지만 중력이 반드시 끌어당기는 힘일 필요는 없다.

아이작 뉴턴의 중력 이론에서 중력원은 질량이다. 그러나 뉴턴의 중력 이론을 대체한 아인슈타인의 중력 이론(일반 상대성 이론)에서는 사실상 에너지가 중력원이다. 질량-에너지는 자연에서 가장 조밀하게 존재하는 에너지의 한 형태일 뿐이다.[1] 하지만 다른 종류의 에너지들도 있다. 전기 에너지, 빛에너지, 화학 에너지, 운동 에너지, 소리 에너지 등, 이 모든 에너지들은 중력을 갖는다. 우리의 목소리를 운반하는 공기의 진동이 중력을 갖는다니, 이상하게 들릴지도 모르겠다. 하지만 아인슈타인은 소리 에너지에 중력이 있다고 했다.

그런데 여기에는 반전이 있다. 1차 세계 대전이 한창이던 1915년 11월에 베를린에서 발표한 아인슈타인의 중력 이론을 면밀하게 살펴보면 상황이 훨씬 복잡하다는 사실을 알게 된다. 맞다. 중력원은 에너지—좀 더 정확하게 말하면 에너지가 한곳에 모여 있는 정도를 나타내는 에너지 밀도—이지만, 에너지만이 중력원은 아니다. 실제 중력원은 에너지와 압력을 합쳐야 한다.

기체가 담긴 용기의 내부 압력은 그저 용기 벽에 부딪히는 셀 수도 없는 원자나 분자의 수를 평균 낸 것이다. 풍선의 내부 압력은 수십억에 수십억을 곱한 개수의 공기 분자가 풍선 내벽에 부딪혀 생긴다. 양철 지붕을 강타하는 빗방울처럼 수많은 공기 분자가 끊임없이 풍선 내벽에 부딪히기 때문에 풍선은 볼록한 상태를 유지할 수 있다. 하지만 일반적인 물질의 압력은 에너지 밀도로 완전히 축소된다. 수소 폭탄이 폭발했을 때 방출하는 에너지를 생각해보자. 이 에너지는 전적으로 물질 1킬로그램이 만든다. 결과적으로 일상적인 모든 환경에서는 중력원을 고민할 때 압력을 완전히 무시해도 된다.

하지만 지구를 벗어난 우주에는 지구에는 전혀 존재하지 않는, 에너지 밀도와 비교했을 때 압력이 전혀 사소하지 않은

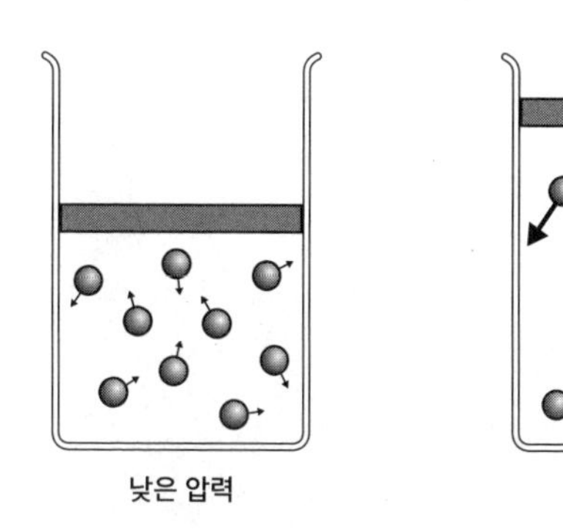

기체의 압력은 용기에 부딪히는 기체 입자의 평균 속도를 나타낸다. 기체가 움직이는 속도가 빠를수록 압력은 높다.

전적으로 새로운 물질이 있다고 생각해보자. 게다가 이 물질의 압력은 에너지 밀도보다 훨씬 크며, 음의 값을 갖는다. 음압negative pressure은 조금도 신비한 것이 아니다. 양의 압력을 갖는 물질이 바깥쪽으로 힘을 작용해 팽창한다면, 음의 압력을 갖는 물질은 안쪽으로 힘을 작용해 수축한다(길게 잡아당기면 어떻게 해서든지 다시 수축하려는 고무줄을 떠올리자). 그런데—이 점이 중요한데—이 물질의 압력이 음의 값을 가지며, 에너지 밀도보다 훨씬 큰 값을 갖는다면 아인슈타인의 이론에서 중력을 생성하는 '에너지+압력' 항은 양의 값이 아닌 음의 값을 갖게 된다.[2] 그것은 이 물질이 중력에 반발하는 힘을 갖는다는 뜻이다. 물체를 빨아들이는 것이 아니라 밖으로 부는 힘으로 작용한다는 뜻이다.

그런 터무니없는 물질은 전적으로 과학 소설에나 나오는 것 아니냐고? 아니, 그렇지 않다.

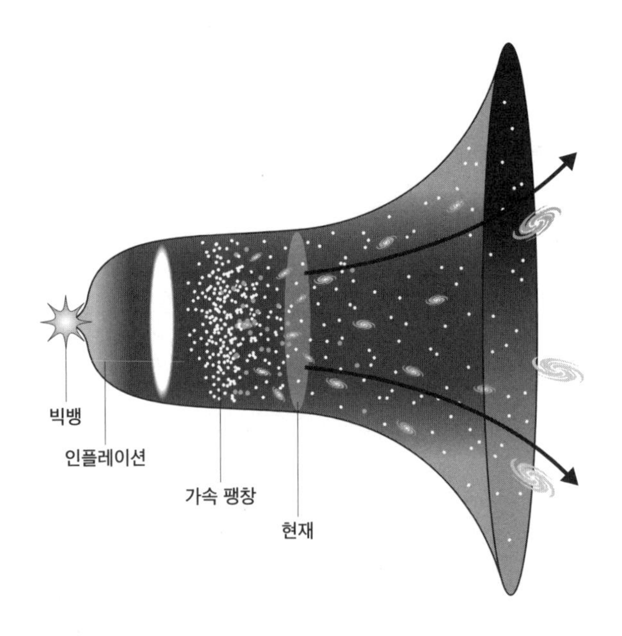

원칙적으로 중력은 우주의 팽창 속도를 늦춰야 했다. 하지만
신비한 암흑 에너지가 현재 우주의 팽창 속도를 높이기
때문에 우주의 은하 밀도는 점점 더 낮아지고 있다.

우주는 팽창하고 있고, 빅뱅 이후에 은하들은 포탄 파편이 흩어지는 것처럼 서로에게서 멀리 떨어지고 있다. 과거에 과학자들은 대규모 우주에서 작용하는 힘은 오직 중력뿐이라고 믿었다. 중력은 은하들 사이에서 보이지 않는 거미줄처럼 작용해, 은하들은 서로를 끌어당기면서 우주의 팽창을 막는다고 생각했다. 하지만 모든 예측과는 반대로 천문학자들은 1998년, 우주가 점점 더 빠른 속도로 팽창하고 있음을 발견했다.

이런 당혹스러운 관찰 결과를 설명하려고 물리학자들은 암흑 에너지가 존재한다고 추론했다. 암흑 에너지는 우주 질량-에너지의 68.3퍼센트를 차지하며, 중력에 반발하는 힘으로 작용한다. 따라서 아이들은 지금도 학교에서 중력을 빨아들이는 힘으로 배우고 있지만, 이제 우리는 그렇지 않다는 것을 안다. 우주 대부분의 장소에서 중력은 부는 힘으로 작용한다.

우주의 소리

2015년 9월 14일, 두 블랙홀이 서로 합쳐지면서 방출한 중력파를 감지했다. 우주에 있는 모든 항성의 중력파를 합한 것보다 50배나 강한 중력파였다

"중력파가 존재하는지를 묻는다면,
분명히 모른다고 대답해야 할 것 같다.
하지만 무척 흥미로운 문제임은 분명하다."

알베르트 아인슈타인, 1936년

"신사 숙녀 여러분, 우리가 해냈습니다.
중력파를 감지했습니다."

데이비드 라이츠, 2016년 2월 11일

루이지애나주 리빙스턴 근교에는 레이저빔으로 만든 4킬로미터짜리 감지기가 있다. 그곳에서 3000킬로미터 떨어진 곳에 있는 워싱턴주 핸포드에도 똑같이 생긴 감지기가 있다. 미국 동부 하절기 시간DET으로 2015년 9월 14일 새벽 5시 51분에 리빙스턴에 설치한 감지기가 움직이더니 그로부터 100분의 1초도 되지 않는 6.9밀리초 뒤에 핸퍼드에 있는 감지기가 똑같은 형태로 움직였다. 거의 100년 전에 아인슈타인이 예측한 중력파(시공간이라는 직물의 떨림)를 감지했다는 분명한 신호였다.

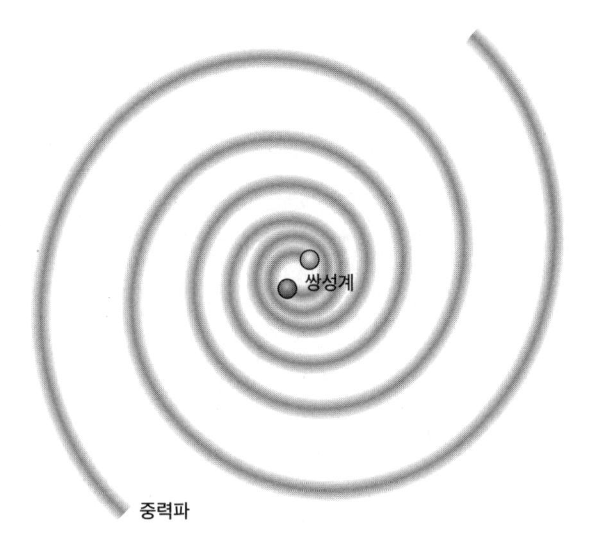

두 블랙홀이 합쳐져 커다란 블랙홀이 될 때는
뒤틀린 시공간의 해일이, 즉 중력파가 발생한다.

그 중력파는 엄청난 우주 사건이 만들어낸 결과물이었다. 지구에 서식하는 가장 복잡한 생명체가 박테리아였을 때, 지구에서 아주 아주 먼 곳에 있던 은하에서는 거대한 두 블랙홀이 죽음의 나선 춤을 추고 있었다. 두 블랙홀은 빙글빙글 돌면서 서로를 향해 바짝 다가갔다. 두 블랙홀이 입을 맞추고 서로 합쳐지는 동안 대양 세 개에 해당하는 질량이 사라졌다.[1] 하지만, 곧바로 뒤틀린 시공간의 해일이 모습을 드러내고 빛의 속도로 사방으로 달려가기 시작했다.

블랙홀의 합병으로 방출된 중력파의 세기는 우주에 있는 전체 항성이 내는 중력파보다 50배나 강하다. 다른 식으로 표현하자면, 블랙홀이 합쳐지면서 중력파가 아닌 가시광선을 방출했다면, 전체 우주보다 50배는 밝은 빛을 냈을 거라는 뜻이다. 지구에서 감지한 중력파를 만든 사건은 인류가 목격한 그 어떤 사건보다도 강력한 우주 사건이다.[2]

질량이 있는 물체의 운동 속도가 빨라지면 중력파가 발생한다. 손을 들어 흔들어보자. 중력파가 발생한다. 당신이 만들어낸 중력파는 호수에서 물결이 퍼져나가는 것처럼 바깥쪽으로 퍼져나간다. 당신이 만든 중력파는 이미 지구를 벗어났다. 실제로 달을 지나 화성을 향해 가고 있을 것이다. 4년이 지나면 당신이 만든 중력파는 태양에서 가장 가까운 항성계를 지나가고 있을 것이다. 우리는 알파 센타우리 항성계를 이루는 세 별 가운데 하나에 행성이 있음을 알고 있다. 이 행성이 기술 문명을 세운 지적 생명체의 고향이고, 그 생명체들에게 중력파 감지기가 있다면, 그 생명체들은 4년 안에 1분 전에 당신 손을 떠난 시공간의 물결을 감지해낼 것이다.

한 가지, 문제가 있는데, 중력파는 아주 약해질 수 있다는 것이다. 북을 생각해보자. 북이 쉽게 진동하는 이유는 북껍질이 유연하기 때문이다. 그러나 시공간은 강철보다 10억을 세 번 곱한 것만큼 단단하다! 그렇기 때문에 블랙홀의 병합처럼 격렬한 사건만이 감지할 수 있는 진동(중력파)을 만들 수 있다.

그런데 이런 중력파는 호수에서 물결이 퍼져나갈 때 그렇듯이, 너무나도 빠르게 사라진다. 2015년 9월 14일에 지구에 도착한 중력파는 13억 년 동안 우주를 가로질러 오면서 엄청나게 약해졌다. 중력파가 지나갈 때 핸포드와 리빙스턴에 있는 4킬로미터짜리 감지기는 늘어났다가 줄어든다. 하지만 감지기의 변화 정도는 원자 지름의 1억 분의 1밖에 되지 않는다. 레이저 간섭계 중력파 관측소Laser Interferometer Gravitational-Wave Observatory(LIGO, 이하 라이고)의 두 감지기가 그토록 약한 신호를 포착했다는 것은 정말로 놀라운 일이다.

라이고는 기술의 역작이다. 관측소의 두 지점에는 지름이 1.2미터인 L 자형 관이 설치되어 있는데, 행성 간 우주보다도 물질이 희박한 진공관 속에서는 메가와트짜리 레이저빔이 움직이고 있다. 감지기의 양쪽 끝에서 레이저빔은 사람의 머리카락보다 고작 두 배 굵은 유리 섬유에 매달려 있는 42킬로그램짜리 거울에 부딪힌다. 거울의 표면은 완벽하게 평평하기 때문에 입사된 빛을 99.999퍼센트까지 그대로 반사한다. 유리 섬유에 매달려 있는 거울의 극히 미세한 움직임이 중력파가 지나갔음을 알려준다. 라이고는 중국에서 발생한 지진에도 반응할 정도로 아주 민감하다.

중력파를 감지하려면 라이고의 물리학자들은 아주 놀라운 일을 해내야 한다. 4킬로미터 길이의 감지기가 1,000,000,000,000,000,000,000분의 1만큼 변하는 것을 감지해내야 하는 것이다. 당연히 2017년 노벨 물리학상은 그런 놀라운 일을 해낸 세 물리학자, 라이너 '라이' 바이스Rainer 'Rai' Weiss, 킵 손Kip Thorne, 배리 배리시Barry Barish에게 돌아갔다.[3]

중력파를 직접 관측했다는 사실이 중요하다는 것은 어떤 표현으로도 과장일 수 없다. 태어날 때부터 청각장애인이어서 아무 소리도 듣지 못했던 사람이 하룻밤 사이에 들을 수 있게 됐다고 생각해보라. 물리학자들과 천문학자들이 처한 상황이 바로 그러했다. 물리학과 천문학의 역사에서 우주는 볼 수 있었을 뿐이다. 하지만 이제는 드디어 들을 수 있게 된 것이다. 중력파는 우주의 소리이다. 중력파 검출이 망원경을 발명한 1609년 이래로 천문학계가 이룩한 가장 중요한 발견이라고 표현해도 그다지 엄청난 과장은 아닐 것이다.

2015년 9월 14일, 우주의 소리가 우리 귀에 열리면서, 우리는 멀리서 천둥이 치는 것처럼 아주 희미하게 우르릉거리는 소리를 들었다. 하지만 아직 아기가 우는 소리, 음악을 연주하는 소리, 새가 노래하는 소리 같은 중력파는 듣지 못했다. 지난 몇 년 동안 라이고의 성능이 향상됐고, 유럽, 일본, 결국에는 인도에서 다른 감지기들이 활동을 시작했으니, 중력파를 감지하는 인류의 능력은 점점 더 나아질 것이다. 우주의 교향곡을 향해 채널을 돌릴 때, 어떤 소리를 듣게 될지는 아무도 모른다.

포켓 우주

64기가바이트 메모리 카드 한 개 속에 6400만 개 우주의 정보를 담을 수 있다

"모든 남자와 여자에게 말하노니,
100만 개 우주 앞에 침착한 영혼으로 서 있으라."

월트 휘트먼, 「나 자신의 노래」

우주는 팽창하고 있고, 빅뱅 이후에 은하들은 포탄 파편이 흩어지는 것처럼 서로에게서 멀리 떨어지고 있다. 그 말은 팽창하는 우주를 영화 되감기처럼 뒤로 돌리면 아주 작아지리라는 뜻이다. 앞에서 언급한 것처럼 우주도 양자로 되어 있다. 그 말은 우주는 본질적으로 예측하지 못할 뿐 아니라 입자로 존재한다는 뜻이다. 모든 것은 양자화되어 있다. 물질도, 에너지도, 심지어 공간조차도 더는 작게 나눌 수 없는 개별 입자로 되어 있는 것이다. 극도로 작은 공간을 볼 수 있는 망원경으로 들여다본 공간은 더는 쪼갤 수 없는 사각형으로 이루어진 물결치는 체스판처럼 보일 것이다.

이제 팽창하는 우주에서 되감기를 해 공간이, 공간을 이루는 체스판이 줄어들지만, 체스판의 네모 칸의 크기는 줄어들지 않는 공간을 상상해보자. 체스판이 줄어들수록 체스판의 네모 칸 수는 점점 더 적어질 것이다. 실제로 우주가 시작되고 얼마 안 돼 시작한 '인플레이션 시기'에는 네모 칸이 1000여 개 정도밖에는 남지 않는다. 즉, 에너지를 넣거나 넣지 않을 수 있는 공간이 1000개밖에 남지 않는다는 뜻이다. 이런 상황을 컴퓨터로 생각해보면, 인플레이션 시기에 우주는 오직 1000개의 이진법수(0과 1)만으로 정보를 기술할 수 있다는 뜻이다. 나는 열쇠고리에 용량이 64기가바이트인 유에스비USB를 들고 다닌다. 64기가바이트는 640억 비트이다. 따라서 나는 64기가바이트 유에스비에 6400만 개 우주의 정보를 넣을 수 있다!

다시 빨리 감기를 해서 현재로 돌아오자. 한 우주를 기술하려면 그 우주에 들어 있는 모든 원자의 종류와 각 원자의 위치를 기록해야 하고, 모든 원자 속에 들어 있는 전자의 에너지 상태를 기록해야 하고, 또……, 아무튼 어마어마하게 많은 정보를 기록해야 한다. 이 우주를 기술하려면 1000비트가 아니라 1 뒤에 0을 89개 써야 할 만큼 엄청난 비트가 필요하다. 그렇다면 이런 질문을 할 수 있을 것이다. 우주가 정보가 거의 없는 아주 단순한 상태로 시작했다면 그 많고 복잡한 정보들은 도대체 어디에서 온 것일까? 어째서 이 우주에는 은하도, 항성도, 원자도, 아이폰도, 무지개도, 장미도 존재하게 된 것일까?

이런 질문들에 대한 답은 아주 단순한 관찰로 얻을 수 있다. 창문에 비치는 얼굴에서 말이다. 집에 있는 창문가에 앉아 유리창 밖을 내다보면 지나가는 자동차가, 바람에 살랑이는 나무가, 걷고 있는 개가 보일 것이다. 그리고 창밖을 바라보고 있는 당신의 얼굴도 보일 것이다. 유리창에 당신의 얼굴이 비치는 이유는 유리가 빛을 완벽하게는 통과시키지 못하기 때문이다. 유리는 자신이 받은 빛을 95퍼센트 정도는 통과시키고, 5퍼센트 정도는 되돌려 보낸다.

물리학자들이 빛이 권총 같은 아주 작고, 모두 동일한 광자의 흐름임을 발견한 20세기 초반에는 세상이 드러내 보이는 이 같은 사실을 이해하기가 너무나도 어려웠다. 결국 광자가 모두 동일하다면 유리창에 미치는 효과도 모두 같아야 하는 게 아닐까? 광자는 모두 유리창을 통과하거나 튕겨 나와야 하는 것이 아닐까?

95퍼센트의 광자는 유리창을 통과하고 5퍼센트의 광자는 유리창을 통과하지 못하는 이유를 설명할 수 있는 방법은 한 가지밖에 없었다. 개별 광자는 모두 유리창을 통과할 확률이 95퍼센트, 유리창을 통과하지 못할 확률이 5퍼센트가 된다는 것 말이다. 그러나 유리창을 향해 날아가는 한 개의 광자를 포착해도, 그 광자가 유리창을 통과할지, 통과하지 못할지는 결코 알 수가 없다. 우리가 알 수 있는 것은 오직 하나, 그 광자가 유리창을 통과할 확률과 통과하지 못할 확률뿐이다. 실제로 벌어질 일은 본질적으로는 예측할 수 없다.

광자에 관한 이런 사실은 원자, 전자, 중성미자를 포함한 모든 미시 세계 일원들에게 적용된다. 가장 기본적인 단계에서 우주는 본질적으로 예측할 수 없으며, 본질적으로 무작위로 작용한다. 분명히 이 같은 사실은 과학의 역사에서 가장 놀라운 발견일 것이다. 실제로 미시 세계 입자들의 행동에 당황한 알베르트 아인슈타인은 "신은 우주를 가지고 주사위 놀이를 하지 않는다."라는 유명한 말을 했다. (아인슈타인의 말보다는 덜 알려져 있지만, 양자 물리학자 닐스 보어는 그 말을 듣고 "신이 주사위를 던질 곳에 대해 왈가왈부하지 말아요."라고 대답했다.) 하지만 아인슈타인은 틀렸다. 그것도 극적으로 틀렸다.

정보란 무작위와 같은 말이다. 나에게 무작위적이지 않은 수가 있다면—즉, 1이 10억 번 반복되는 수가 있다면,—나는 이 수를 간단하게 '1이 10억 번 반복되는 수'라고 말할 수 있다. 이 말에는 어떠한 정보도 들어 있지 않다. 그에 반해, 내가 10억 자리인 임의의 수 하나를 가지고 있고 당신에게 그 수를 알려주려면 각 자리를 차지한 모든 숫자를 일일이 말해주어야 한다. 따라서 무작위적인 임의의 수에는 엄청난 정보가 담겨 있다.

바로 여기에 '우주의 정보는 궁극적으로 어디에서 오는 것일까?'라는 수수께끼에 대한 답이 있다. 빅뱅 이후에 생긴 모든 무작위적인 양자 사건이 우주에 정보를 유입시킨다. 원자가 광자를 방출할 때마다—혹은 방출하지 않을 때마다—우주로 정보가 들어간다. 원자핵이 붕괴할 때마다—혹은 붕괴하지 않을 때마다—정보는 우주로 들어간다.

아인슈타인이 부정한 것과 달리 신은 우주를 가지고 주사위 놀이를 할 뿐 아니라, 신이 주사위 놀이를 하지 않았다면 우주는 없었을 것이다. 분명히 사람이 생겨나 이 책을 읽을 수 있을 만큼 복잡한 우주는 존재하지 않았을 것이다. 우리는 무작위적인 현실 속에서 살아가고 있다. 우리는 분명히 양자 주사위를 던져 만든 우주에서 살고 있다.

신용카드 우주

믿거나 말거나!
우리는 거대한 홀로그램 안에서 살고 있는지도 모른다

"이런 이론이 있다. 누군가 이 우주가 정확히 어떤 곳이고, 무엇 때문에 이곳에 존재하는지를 밝혀내는 순간, 그 우주는 사라지고 훨씬 더 기이하고 이해할 수 없는 우주로 대체된다는 가설 말이다. 또 다른 가설도 있다. 그런 일이 이미 벌어졌다는 것이다."

더글러스 애덤스[1]

요즘은 신용카드를 홀로그램으로 구현할 때가 많다. 홀로그램은 2차원 평면에 3차원 물체의 모든 모습을 담았다. 우주가 홀로그램과 비슷하다는 것은 과학 소설에나 나올 이야기처럼 들린다. 하지만 실제로 우주가 홀로그램이라는 증거는 점점 늘어나고 있다. 홀로그램 우주에 관한 첫 번째 단서는 우주가 아니라 블랙홀을 고민할 때 발견했다.

블랙홀은 거대한 항성의 생애 마지막 단계에 생성된다. 연료를 모두 사용한 항성은 항성을 붕괴해 한데 모으려는 중력에 대항해 밖으로 팽창할 수 있는 내부 열을 만들어낼 수가 없다. 결국 항성은 격렬하게 안쪽으로 수축해 들어가고, 항성의 중력은 아무것도, 그러니까 빛조차도 빠져나올 수 없을 정도가 될 때까지 증가한다.

그런데 1974년에 호킹은 블랙홀에 관해 기이하고도 예상하지 못했던 사실을 발견했다. 블랙홀이 완전히 검지는 않다는 사실 말이다.

그때 호킹은 물질도 빛도 한번 빠지면 다시는 돌아올 수 없는 블랙홀의 사건 지평선을 생각하고 있었다. 그리고 원자와 원자의 구성 성분에 관한 이론도 생각하고 있었다. 양자 이론에서 진공은 텅 비어 있지 않다. 텅 빈 것과는 전혀 거리가 멀다. 양자 이론에서 진공은 '양자 요동quantum fluctuation'으로 정신없이 흔들리는 바다이다. 양자 요동은 무無에서 아원자 입자와 반입자가 튀어나오는 것이라고 생각할 수 있다.[2] 에너지 보존의 법칙에 따르면 에너지는 새로 생겨날 수도 없고 사라질 수도 없다. 하지만 양자적 기이함은 입자와 반입자가 아주 짧은 시간 동안만 존재했다가 사라진다면, 에너지 보존의 법칙이 잠시 깨지는 상황은 묵인한다. 이렇게 생긴 입자와 반입자는 그 짧은 지속 시간을 고려해 '가상' 입자라고 부른다.

호킹이 깨달은 것은 블랙홀의 사건 지평선이 가상 입자와 반입자 쌍의 생성과 소멸에 크게 영향을 미친다는 것이었다. 그 이유는 가상 입자 쌍 가운데 한 개는 블랙홀의 사건 지평선 안으로 떨어지고, 다른 한 개는 사건 지평선을 넘어 자유롭게 우주로 날아가기 때문이다. 함께 만나 소멸해야 할 짝이 사라져버린 채로 우주로 날아간 입자는 더는 일시적으로 존재하는 입자가 아니다. 가상 입자에서 실재 입자로 승격한 것이다. 물론 실재 입자가 된 가상 입자가 계속 존재할 수 있게 해주는 에너지가 어딘가에서는 와야 한다. 호킹은 그 에너지원이 블랙홀의 중력 에너지임을 깨달았다.

블랙홀을 빠져나가는 입자들의 흐름을 호킹 복사Hawking radiation라고 한다. 호킹 복사 때문에 블랙홀은 서서히 증발해, 결국 언젠가는 완전히 사라져버린다.

항성 질량 블랙홀이 사라지려면 우주의 나이보다 더 오랜 시간이 흘러야 할 것이다. 그럼에도 불구하고 호킹 복사는 물리학에 심각한 고민거리를 안긴다. 어쨌거나 엄청나게 왜곡된

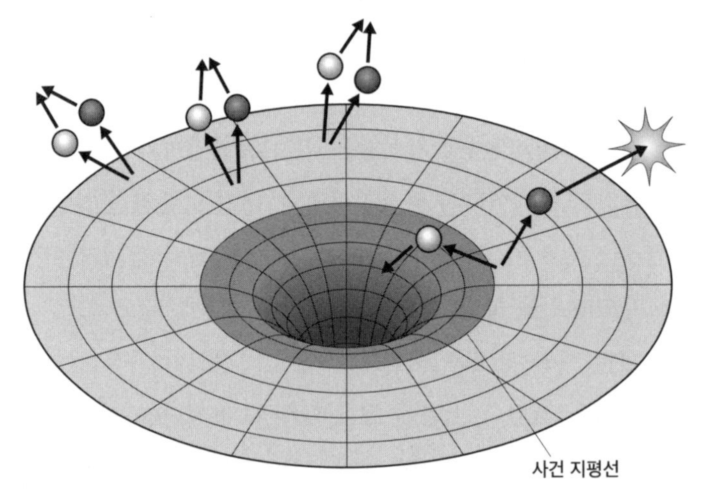

양자 이론은 다시 소멸한다면 진공 속에서 전자와 양전자 쌍이 생성되는 것을 허용한다. 그런데 블랙홀 가까이에서는 전자-양전자 쌍 가운데 한 입자는 블랙홀 안으로 떨어지고, 한 입자는 '호킹 복사'의 형태로 블랙홀 밖으로 탈출한다.

시공간에 지나지 않는 블랙홀이 사라져버리면 말 그대로 아무 것도 남지 않게 되기 때문이다. 문제는, 그렇다면 블랙홀로 변한 원래 항성을 기술했던 정보들은 어떻게 되는가이다. 예를 들어 항성을 구성했던 원자와 전자의 종류나 원자와 전자의 위치를 기술했던 정보들 말이다. 물리학의 기본 법칙에 따르면 정보는 새로 생성되지도 않고 사라지지도 않는다.[3]

이 의문에 대한 단서도 사건 지평선에서 찾았다. 1972년, 이스라엘 물리학자 야코브 베켄슈타인Jacob Bekenstein은 사건 지평선이 이해할 수 없을 정도로 엔트로피가 크다는 사실을 발견했다. 엔트로피는 앞쪽에서 설명한 것처럼 미시 세계의 무질서도와 관계가 있는 물리량이다. 1993년에 노벨상 수상자인 네덜란드의 헤라르뒤스 엇호프트Gerardus 't Hooft는 아인슈타인의 중력 법칙이 예측하는 것과 달리 블랙홀의 사건 지평선은 매끈하지 않다는 사실을 밝혔다. 미시 규모에서 사건 지평선은 아주 작은 산맥처럼 엄청나게 울퉁불퉁하다. 따라서 원래의 항성을 기술하는 정보는 시각 지평선의 울퉁불퉁한 돌기와 혹 속에 어떤 식으로든 담겨 있을 가능성이 있다. 블랙홀이 증발되는 동안 사건 지평선의 돌기들은 라디오 방송국에서 음악이나 연설을 반송파carrier wave에 싣는 것처럼 자신의 정보를 호킹 복사에 싣는다. 사건 지평선에서 정말로 이런 일이 일어난다면 블랙홀이 증발할 때 사라지는 정보는 없다. 상당히 알아보기는 힘든 형태라고 해도 블랙홀의 정보는 모두 우주로 돌아간다.

우주의 경계도 블랙홀처럼 지평선으로 둘러싸여 있다. 우주는 138억 2000만 년 전에 태어났기 때문에, 우리는 우리에게 빛이 도달할 때까지 걸리는 시간이 138억 2000만 년 미만인 물체만을 볼 수 있다. 우리가 볼 수 있는 빛의 이동 거리 한계선을 우주의 빛 지평선cosmic light horizon이라고 한다. 이 지평선 너머에 있는 물체들의 빛이 우리에게 도달할 때까지 걸리는 시간은 138억 2000만 년을 훌쩍 넘는다. 이 물체들의 빛도 지구를 향해 오고 있지만, 아직 우리 눈에는 도달하지 않았다.

엇호프트와 미국 물리학자 레너드 서스킨드Leonard Susskind는 독자적으로 블랙홀의 사건 지평선이 3차원인 항성을 기술하는 정보를 담고 있는 것처럼, 우주의 빛 지평선도 우주를 기술하는 정보를 담고 있을 것이라고 제안했다. 이 같은 주장은 우리가 보고 있는 우주를 홀로그램으로 만든다. 지평선 위에 있는 2차원 정보를 투사한 3차원 영사물로 만드는 것이다. 당신과 나, 그리고 우주에 있는 모든 것은 홀로그램이다.

홀로그램 우주라니, 너무나도 모호한 속임수처럼 느껴질 수도 있다. 그러나 1998년, 아르헨티나 물리학자 후안 말다세나Juan Maldacena는 우리가 '홀로그램 우주'에서 살고 있다는 생각을 강화할 뿐 아니라 물리학의 세계를 흥분의 도가니로 만든 논문을 한 편 발표했다. 말다세나는 우주의 지평선 위에 존재하는 양자 이론은 아인슈타인의 중력 이론을 경험하는 경계를 경험하는 경계 안에 우주를 생성할 수 있음을 발견했다. 말다세나의 발견은 오랫동안 찾고자 노력한 양자 이론과 아인슈타인의 중력 이론의 관계에 대한 단서를 제공했을 뿐 아니라(말다세다의 논문이 지난 20년 동안 가장 많이 인용된 이유는 그 때문이다), 우주는 홀로그램이라는 엇호프트와 서스킨드의 추론을 조금 더 증거에 기반한 믿을 만한 이론으로 끌어올렸다.[4]

그런데 말다세나의 주장에는 옥의 티가 하나 있다. 말다세나가 제시한 증거는 '반 지터anti de Sitter, AdS 공간'이라는 기이한

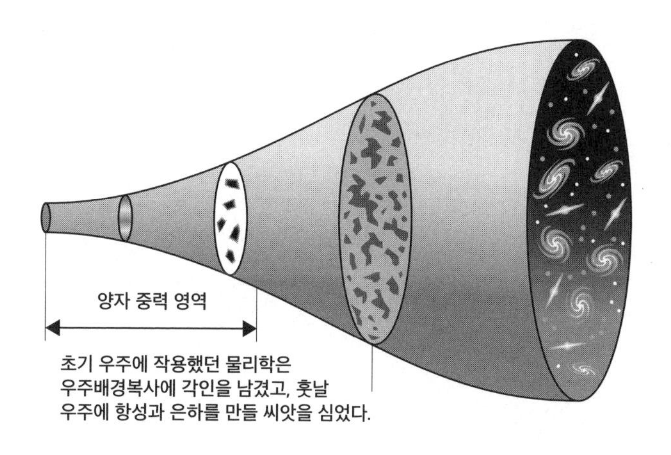

양자 이론은 작은 세상을 기술하고, 아인슈타인의 중력 이론은 큰 세상을 기술한다. 빅뱅 때는 큰 우주가 아주 작았기 때문에, 빅뱅을 기술하려면 양자 중력 이론이 필요하다.

시공간에만 적용된다는 것이다. 아인슈타인이 깨달은 것처럼 물질이 있으면 시공간은 왜곡된다. 그런데 반 지터 우주는 우리 우주하고는 다른 방식으로 시공간을 왜곡한다. 따라서 물리학자들이 풀어야 할 과제는 이것이다. 말다세나의 발견을 우리 우주 같은 정칙 공간regular space에도 적용할 수 있는 방법을 찾

고, 의심할 여지 없이 우리가 실제로 홀로그램임을 입증해 보이는 것 말이다.

옆집 우주

우주 저편에는 무수히 많은 당신의 복사본이 무수히 많은 이 책의 복사본을 읽고 있다

"평행 우주를 다룰 때는 두 가지를 기억해야 한다.
첫째, 평행 우주가 실제로 평행한 것은 아니라는 것, 둘째,
평행 우주가 실제로 우주는 아니라는 것 말이다."

더글러스 애덤스[1]

아주 아주 먼 곳에는 우리은하와 놀랍도록 닮은 은하가 있는데, 그 은하에는 우리 태양과 놀랍도록 닮은 항성이 있다. 그리고 그 항성의 세 번째 행성은 지구와 놀랍게도 닮았으며, 무엇보다도 그 행성에는 당신과 똑같이 생긴 사람이 산다. 당신과 그 사람은 일란성 쌍둥이일지도 모른다. 그런데 그 사람은 당신과 생김새만 같은 것이 아니라 읽고 있는 책도 같다. 사실 두 사람 모두 지금 이 문장을 아주 집중해서 읽고 있다……. 그런데 사실 실제는 이보다 기이하다. 훨씬 기이하다. 지금까지 당신과 똑같은 삶을 살고 있고, 생김새도 똑같은 사람이 살고 있는 우리은하를 닮은 은하는 무수히 많다.

당신의 도플갱어들은 관측할 수 있는 우주의 경계 너머에 있는 공간에서 살고 있다. 도플갱어 이야기는 전적으로 과

학 소설의 영역이라고 생각한다면, 다시 생각해보는 것이 좋겠다. 실제로 평행 우주는 우리 우주의 표준 이론과 물리학의 표준 이론을 따를 때 반드시 나타날 수밖에 없는 결과이다. 우주에서 충분히 멀리까지 여행한다면, 반드시 도플갱어 가운데 한 명을 만날 수밖에 없다. 실제로, 가장 가까이 있는 도플갱어를 만나려면 얼마나 멀리 가야 하는지도 계산할 수 있다. 정답은 10^10^28미터이다.

10^10^28는 아주 큰 수라고 말하는 것만으로는 부족하다. 과학 표기법에서 10^28은 1 다음에 0이 28개 나오는 수이다. 즉, 10에 10억을 세 번 곱한 수라는 뜻이다. 따라서 10^10^28은 1 뒤에 0을 10 곱하기 10억 곱하기 10억 곱하기 10억 곱한 만큼 적어 넣은 수이다. 이 정도 거리라면 지구에서 가장 큰 망원경으로 볼 수 있는 한계 거리를 훌쩍 뛰어넘는다. 하지만 수의 크기에 연연하지 말자. 중요한 것은 가장 가까이 사는 도플갱어도 엄청난 거리를 이동해야 만날 수 있다는 사실이 아니다. 어쨌거나 이 세상에는 도플갱어가 존재한다는 사실이 중요하다.

앞에서 말한 것처럼, 이 같은 사실은 표준 우주론의 결과이고, 관측할 수 있는 우주의 경계 너머에는 무엇이 존재하는가에 관해 말해준다. 그렇다면, 관측할 수 있는 우주란 정확히 무엇을 뜻하는 것일까? 관측할 수 있는 우주가 있다면, 당연히 관측할 수 없는 우주도 있어야 한다. 어째서 우리는 전체 우주를 볼 수 없는 것일까?

그 이유는 두 가지로 설명할 수 있다. 그 이유는 우주에는

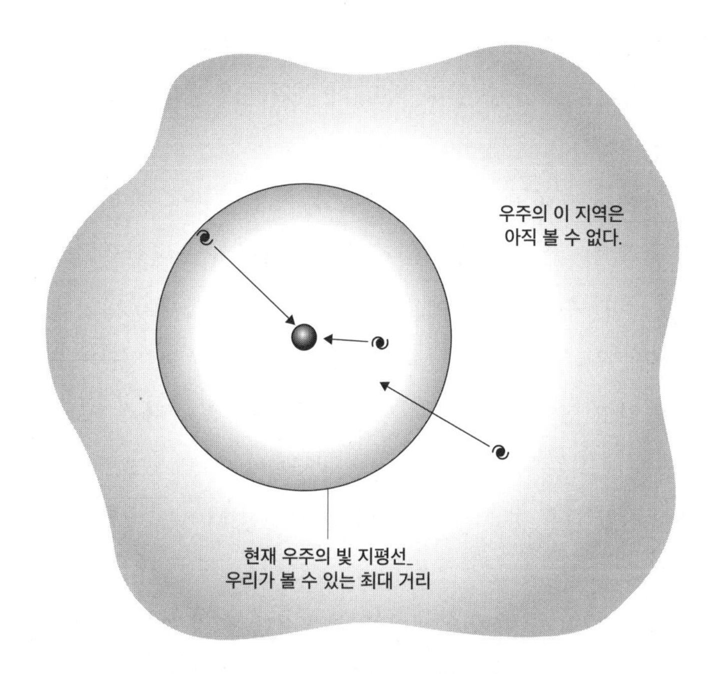

관찰할 수 있는 우주를 둘러싼 우주의 빛 지평선
안에는 빅뱅 이후 138억 2000만 년 안에 빛이 지구에
도달할 수 있었던 은하들만이 존재한다.

빛이라는 한계 속도가 있다는 것과 우주는 태어났다는 것 말이다.[2] 모든 것은—물질, 에너지, 공간, 심지어 시간조차도—138억 2000만 년 전에 빅뱅과 함께 태어났기 때문에, 우리는 138억 2000만 년 안에 우리 눈에 도달한 물체의 빛만을 볼 수 있다. 우리 눈에 도달하는 빛이 이동해야 하는 거리가 138억 2000만 년을 넘는 물체들의 빛은 아직도 지구를 향해 달려오는 중이기 때문에 우리는 볼 수 없다. 결과적으로 우리는 지구를 중심으로 하는 한 구의 내부 범위에 있는 은하(약 2조 개 정도)만을 망원경으로 볼 수 있다. 바로 그 범위가 우리가 관찰할 수 있는 우주이다.

앞에서도 살펴본 것처럼 관찰할 수 있는 우주는 빛 지평선에 둘러싸여 있는데, 이 빛 지평선은 바다의 수평선과 상당히 비슷하다. 수평선 너머에도 더 넓은 바다가 있음을 알고 있는 것처럼 우주의 빛 지평선 너머에도 더 넓은 우주가 펼쳐져 있음을 알고 있다(실제로 우주는 빅뱅 직후에 빛보다 빠른 속도로 팽창했기 때문에 우주의 빛 지평선은 지구에서 420억 광년 정도 떨어진 곳에 있다).[3] 그렇다면 우주의 빛 지평선 너머는 어떻게 생겼을까?

우주 탄생 초기에 엄청나게 빠른 속도로 우주가 팽창한 인플레이션 시기가 있었다고 설명하는 우주 표준 모형에 따르면, 관찰할 수 있는 우주 너머에는 무한한 수의 우주가 존재해야 한다.[4] 우리 우주가 2조 개 은하를 담고 있는 비누 거품 같은 구라고 상상해보자. 우리의 비누 거품 바깥에는 그와 비슷한 거품이 무한히 존재한다. 그렇다면 다른 거품 안에는 무엇이 있을까?

각 거품은 우리 우주가 경험한 빅뱅을 경험했을 수도 있다. 실제로 아마 비슷한 빅뱅이 있었을 것이다. 그러나 빅뱅의 불덩어리가 식어가는 동안 파편들은 다른 식으로 식고 뭉쳐서 우리 우주와는 다른 은하를, 다른 항성을, 다른 행성을 만들었을 수도 있다. 왜냐하면 거시 규모의 우주 구조를 만드는 씨앗은 우주가 존재하기 시작하고 얼마 지나지 않은 때에 우주에 각인된 진공의 작은 양자 요동이 결정한다고 믿어지기 때문이다. 모든 양자적 현상처럼 이 양자 요동도 크기와 위치는 무작위적이다. 그 때문에 무한히 존재 가능한 우주는 서로 다른 모습을 띠게 된다. 다른 말로 표현하면, 다른 역사를 가진 우주가 무한히 많으며, 각 우주의 역사는 더욱 거대한 우주의 어딘가에 존재하는 자신들의 거품 속에서 펼쳐진다는 뜻이다.

그런데 사실, 상황은 이보다 더 심각하다.

미시 세계를 가장 잘 기술하는 양자 이론은 우주도 궁극적으로는 입자라고 말한다. 그 말은 공간을 반으로 자르고, 또 반으로 자르기를 계속하다 보면 언젠가는 더는 반으로 자를 수 없는 아주 작은 부피에 도달한다는 뜻이다. 따라서 플랑크 규모Planck scale라고 알려진 극도로 짧은 거리는 3D 체스판과 같을 것이라고 여겨진다. 평범한 체스판 위에는 체스 말을 놓을 공간이 유한한 수만큼만 있는 것처럼, 우주가 태어날 무렵에는 오늘날의 은하단을 있게 한 씨앗을 만들 양자 요동이 제한적이었다. 양자 요동이 일어날 장소가 유한했던 것이다. 그러니 가능한 우주의 역사는 무한한 수가 아니라 유한한 수만큼만 존재할 것이다.

우주의 역사는 유한한데, 우주의 역사가 펼쳐질 장소는 무한하다면, 우주의 역사는 모두 한 번이 아니라 무한히 반복되어야 할 것이다. 그렇기 때문에 이 장을 시작할 때 언급한 것처럼, 우주에는 지금 이 책과 똑같은 책을 읽고 있는 당신과 똑같

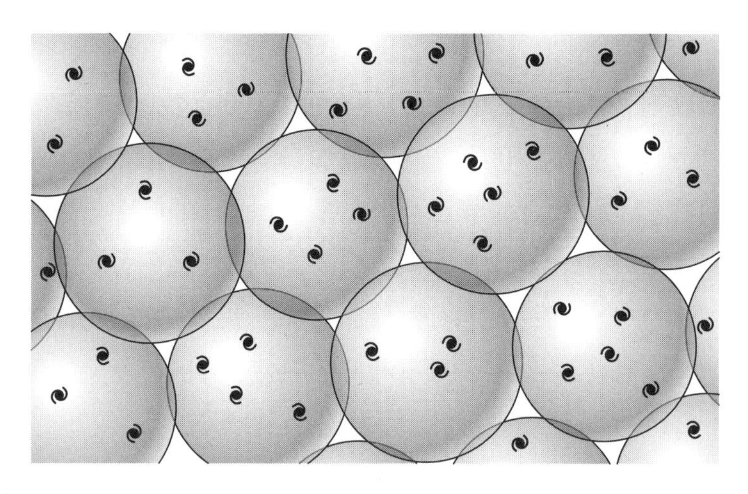

관찰할 수 있는 우주의 거품 너머에는 다른 역사를
가지고 있어 다른 항성과 다른 행성을 만들
우주 거품이 무한히 존재할 수도 있다.

이 생긴 사람이, 지금 이 문장을 집중해서 읽고 있는 상황이 존재하는 장소는 무수히 많다. 그리고 도널드 트럼프가 미국 대통령이 되지 않은 장소도 무한히 많다. 우주에는 6600만 년 전에 공룡이 소행성 때문에 멸종하지 않고 계속 진화해 자동차를 만들 지능을 갖게 된 장소도 무한히 많다.

이런 끝없는 반복이라니, 참을 수 없을 것만 같다. 그러나 매사추세츠주 터프츠 대학교의 알렉산더 빌렌킨Alexander Vilenkin 같은 우주학자들은 무한한 반복이 아무 문제 없다는 입장이다. 그들은 '자연은 항성의 생성 패턴을 결정하고, 그 뒤로 끝없이, 지나칠 정도로 많이 그 과정을 반복하고 있다. 그러니 우주라고 다를 이유가 있을까?'라고 묻는다.

모든 역사가 펼쳐지는 이 같은 끝없는 공간 영역은 우주의 표준 모형과 물리학의 표준 모형—양자 이론—을 합치면 반드시 나올 수밖에 없는 귀결임을 강조할 필요가 있을 것 같다. 두 모형 가운데 어느 한 모형이라도 틀렸음이 밝혀진다면, 모든 역사가 펼쳐지는 무한 우주라는 개념은 '퇴출'될 것이다.

모든 역사가 펼쳐진다는 생각을 하면 충격을 받을지도 모르겠다. 개인적으로, 나는 아니다. 왜냐고? 지금 당신이 읽고 있는 이 책이 불행하게도 지금까지 당신이 읽었던 모든 지루하고도 따분한 책 가운데 최고봉이라고 해도, 무한히 존재하는 다른 우주에서는 당신이 이 책을 읽은 중 가장 멋진 책이라고 생각해, 모든 친구에게 이 책을 크리스마스 선물로 사줄 것이고 그런 당신이 어딘가에는 있을 거라고 생각하면 충분히 위안을 느낄 수 있기 때문이다!

감사의 글

이 책을 쓰는 동안 직접적으로 영감을 준 분들, 내가 글을 쓸 수 있도록 격려해주신 분들에게 감사의 말을 전한다. 캐런, 조 스탠스올, 펠리시티 브라이언, 미셸 토팜, 만지트 쿠마르, 데이브 호, 모니카 호프, 퍼트리샤 칠버가 그런 분들이다.

주

제1부 생물학 이야기

1. 공통점

1 세포는 도시만큼이나 복잡한 질퍽한 작은 주머니로, '생물학의 원자'라고 할 수 있다. 유기체는 모두 세포의 조합으로 이루어져 있다. 우리가 아는 한 세포로 이루어지지 않은 생명체는 없다.

2 최근 몇 년간, DNA가 유기체의 청사진이라는 생각은 애처로울 정도로 부정확하다는 사실이 밝혀지고 있다. 생물학자들은 사람의 DNA 암호가 고작 2만 4000개의 유전자를 지정한다는 사실을 알고 충격을 받았다(유전자는 '단백질'을 만들 정보를 담고 있다. 단백질은 화학 반응의 속도를 높이고, 세포가 생성될 수 있는 기반을 만드는 등, 다양한 과제를 수행하는, 다재다능한 커다란 스위스 군용칼 같은 분자들이다). 유전자 2만 4000개만으로는 한 사람을 만들어낼 수 없다. 이 유전자들이 사람을 만들려면 당혹스러울 정도로 복잡한 방식으로 다른 유전자들과 환경에 존재하는 화학 물질의 농도에 따라 활성 스위치를 켜거나 꺼야 한다. 이는 사람의 게놈은 배아가 발달하는 동안 각기 다른 시기에 다른 식으로 읽혀서, 결국 2만 4000개 유전자는 그 수보다 더 많은 일을 하고 있는 것처럼 보인다는 뜻이다.

3 아데닌(A), 구아닌(G), 시토신(C), 티민(T)은 '이중 나선 구조'인 거대한 DNA 분자의 뼈대를 구성하는 '염기'라고 알려진 분자들이다. 염기는 세 개가 한 쌍이 되어 하나의 아미노산을 지정한다. 예를 들어 TGG는 트립토판을 만든다. 아미노산은 단백질을 만들 레고블록이다.

4 루이스 토머스, 『*The Medusa and the Snail*』(1995년, Penguin).

2. 잡을 수 있으면 잡아봐

1 올리비아 저드슨Olivia Judson, 『*Dr Tatiana's Sex Advice*』(2003년, Vintage).

2 한 유기체를 만들 정보는 각 세포에 들어 있는 이중 나선 구조의 분자(DNA, 디옥시리보핵산)에 담겨 있다. 단백질을 지정하는 DNA의 특정 부분을 유전자라고 한다. 아미노산이 결합해 만든 거대 분자인 단백질은 세포의 일꾼이다.

3 리 밴 베일런, 《*Evolutionary Theory*》(1973년), 1권, 2쪽, 「새로운 진화 법칙A New Evolutionary Law」.

4 매트 리들리Matt Ridley, 『붉은 여왕: 인간의 성과 진화에 숨겨진 비밀*The Red Queen: Sex and the Evolution of Human Nature*』(2006년, 김영사).

5 레비 T. 모란Levi T. Morran 외, 《*Science*》(2011년) 333호, 216쪽, 「붉은 여왕과 함께 달리기: 양쪽 부모의 성을 위한 숙주와 기생 생물의 공진화 선택Running with the Red Queen: Host-Parasite Coevolution Selects for Biparental Sex」.

3. 산소 마술

1 마이클 패러데이Michael Faraday, 『*A Course of Six Lectures on the Chemical History of a Candle*』(1861년, Bohn & Co.).

2 액화 수소와 액화 산소 연료가 방출하는 에너지로는 연료와 연료

를 실은 금속 로켓을 우주로 쏘아 올릴 수 없다. 로켓을 여러 단으로 만드는 이유는 그 때문이다. 높이 올라간 로켓은 단이 분리되면서 더 가벼워진다. 가벼워진 로켓은 싣고 있는 연료로도 우주로 진입할 수 있다.

3 전자는 원자 내부에 있는 '껍질'에 들어 있는데, 각 껍질에 들어갈 수 있는 최대 전자의 수는 정해져 있다. 원자는 완전한 전자껍질을 갖고자 하는 열망이 크다. 수소는 자신이 가진 유일한 전자 하나를 버림으로써 그 소망을 성취하고, 산소는 전자를 두 개 얻음으로써 그 소망을 성취할 수 있다. 산소 원자 한 개가 수소 원자 두 개에서 전자를 얻는 이유는 그 때문이다. 두 수소 원자가 전자를 한 개씩 잃고, 한 산소 원자가 두 전자를 얻으면 가장 바람직한 상태인 에너지가 가장 적은 상태가 된다. 공이 언덕 아래에 얌전히 놓여 있는 상태가 되는 것이다.

4 전자보다 2000배 정도 큰 양성자는 원자핵을 구성하는 두 성분 가운데 하나이다. 다른 한 성분은 중성자이다. 양성자만 한 개 들어 있는 수소 원자를 제외한 이 세상 모든 원자의 원자핵에는 중성자와 양성자가 들어 있다.

5 순진하게도 전자가 양성자에 부딪혀, 세포막으로 양성자를 밀어낸다고 생각할지도 모르겠다. 하지만 정확히는 전자 때문에 단백질의 모양이 바뀌는 것이다. 단백질은 전자가 있을 때와 없을 때의 형태가 다르다. 양성자는 단백질의 모양이 바뀌기 때문에 세포막 밖으로 나갈 수 있다.

6 3번 참고.

4. 7년 차 권태기

1 대니얼 데닛Daniel Dennett, 『의식이라는 꿈*Sweet Dreams: Philosophical Obstacles to a Science of Consciousness*』(2021년, 바다출판사).

2 루이스 토머스, 『*The Lives of a Cell*』(1978년, Penguin).

3 칼 세이건, 앤 드루얀, 스티븐 소터, 〈코스모스*Cosmos*〉(1980년).

4 피터 그윈Peter Gwynee, 샤론 베글리Sharon Begley, 메리 해거Mary Hager, 《*Newsweek*》(1979년 8월 20일), 48쪽, 「사람 세포의 비밀The Secrets of the Human Cell」.

5 DNA(디옥시리보핵산)는 단백질의 구조를 암호로 담고 있는 거대한 생체 분자이다.

5. 외계인으로 살기

1 론 센더Ron Sender, 샤이 푹스Shai Fuchs, 론 밀로Ron Milo, 《*PLOS Biology*》(2016년 8월 19일), 「몸을 이루는 사람과 박테리아 수 추정치 수정Revised Estimates for the Number of Human and Bacteria Cells in the Body」(https://journals.plos.org/plosbiology/article?id=10.1371/journal.pbio.1002533).

2 NIH 사람 미생물군유전체 프로젝트(https://hmpdacc.org/).

3 니콜라스 폭트Nicholas Vogt 외, 《*Nature*》(2017년 10월 19일), 「알츠하이머병에서의 장내 미생물군유전체의 변화Gut Microbiome Alterations in Alzheimer's Disease」(https://www.nature.com/articles/s41598-017-13601-y).

6. 필요 없는 뇌

1 "어린 우렁쉥이는 매달려서 살아갈 적당한 바위나 산호초를 찾아 바다를 떠돈다. 우렁쉥이에게는 이 과제를 수행할 수 있는 아주 단순한 신경계가 있다. 정착할 자리를 찾아 단단히 몸을 고정하면, 더는 뇌가 필요 없어진 우렁쉥이는 뇌를 먹어 치운다. 이제 더는 움직이지 않겠다는 뜻이다." 대니얼 데닛, 『*Consciousness Explained*』(1993년, Penguin, 한국어판: 『의식의 수수께끼를 풀다』, 2021년, 옥당).

2 스티븐 굿하트Steven Goodhart, 「자기 뇌를 먹는 생명체를 만나보자! Meet the Creature that Eats Its Own Brain!」(https://goodheartextremescience.wordpress.com/2010/01/27/meet-the-creature-that-eats-its-own-brain/).
3 「전기 뇌The Electric Brain」, 〈NOVA〉, 2001년 10월 23일(https://www.pbs.org/).
4 마빈 민스키, 『마음의 사회*Society of the Mind*』(2019년, 메가스터디북스).
5 조지 존슨, 『*In the Palaces of Memory: How We Build the Worlds Inside Our Heads*』(1992년, Vintage).
6 장 루이 상티니Jean-Louis Santini 「좀 더 똑똑해지기 위해 우리 뇌는 줄어들고 있을까?Are Brains Shrinking to Make Us Smarter?」(2011년 2월 6일)(https://phys.org/news/2011-02-brains-smarter.html).
7 에리카 엔겔하우프트Erika Engelhaupt, 《Science News》(2017년 7월 6일), 「사람은 (아마도) 어떻게 스스로를 길들였을까?How Humans (Maybe) Domesticated Themselves」(https://www.sciencenews.org/article/how-humans-maybe-domesticated-themselves).
8 조지 E. 퓨George E. Pugh, 『*The Biological Origin of Human Values*』(1978년, Routledge & Kegan Paul)에서 에머슨 퓨의 아들의 말 인용.

제2부 사람 이야기

7. 상호작용, 상호작용, 상호작용

1 호미니드Hominin는 현생 인류, 멸종한 사람 종, 호모 속에 속하는 오스트랄로피테쿠스, 파란트로푸스, 아르디피테쿠스 같은 인류의 가까운 조상 종을 모두 포함하여 부르는 명칭이다.
2 대규모 공동체가 농작물에 의지하는 상황은 흉년이 들었을 때 심

각한 기근에 시달릴 수밖에 없게 했다. 게다가 많은 사람이 아주 가까이에서 모여 살았기 때문에 질병도 쉽게 퍼졌는데, 그런 질병이 끔찍한 결과를 낳을 때도 있었다.

8. 할머니여서 좋은 점

1 타비사 파울릿지Tabitha Powledge, 《*Scientific American*》(2008년 4월 3일), 「폐경의 기원: 생식력이 사라진 뒤에도 여자들이 계속 사는 이유The Origin of Menopause: Why Do Women Outlive Fertility?」.

9. 사라진 인종

1 재레드 다이아몬드Jared Diamond, 『총, 균, 쇠*Guns, Germs, and Steel: A Short History of Everybody for the Last 13,000 Years*』(2005년, 문학사상).

2 더 많은 내용을 알고 싶다면 마커스 초운의 『만물과학*What a Wonderful World*』(교양인, 2016년)을 읽어보자.

3 해나 데블린Hannah Devlin, 《*Guardian*》(2018년 1월 25일), 〈이스라엘에서 아프리카를 제외한 다른 지역에서 가장 오래된 사람 화석을 발견하다Oldest Known Human Fossile Outside Africa Discovered in Israel〉(https://www.theguardian.com/science/2018/jan/25/oldest-known-human-fossil-outside-africa-discovered-in-israel).

4 마크 로즈Mark Rose, 《*Archaeology*》(1997년 9월/10월), 50호, 5권, 「네안데르탈인의 DNANeandertal DNA」.

5 에마 마리스Emma Marris, 《*Nature*》(2018년 2월 23일), 「가장 오래된 동굴 벽화를 그린 네안데르탈인 예술가들Neanderthal Artists Made Oldest-Known Cave Paintings」(https://www.nature.com/articles/d41586-018-02357-8).

6 윌리엄 데이비스William Davies, 《*Nature*》(2014년 8월 21일), 512호, 260~261쪽, 「고인류학: 마지막 네안데르탈인의 시

간Palaeoanthropology: The Time of the Last Neanderthals」(https://www.nature.com/articles/512260a).
7 리처드 그린Richard Green 외, 《*Science*》(2010년 5월), 328호, 710쪽, 「네안데르탈인의 게놈의 미완성 염기 서열A Draft Sequence of the Neandertal Genome」(http://science.sciencemag.org/content/328/5979/710.full).

10. 놓친 기회

1 로버트 펄먼Robert Pearlman, 《*Space.com*》(2012년 8월 27일), 「닐 암스트롱의 사진 유산: 최초로 달에 간 사람의 모습을 담은 진귀한 사진들Neil Armstrong's Photo Legacy: Rare Views of First Man on the Moon」(https://www.space.com/17308-neil-armstrong-photo-legacy-rare-views.html).
2 《*Amateur Photographer*》(2017년 8월 24일), 「달에 간 남자-닐 암스트롱의 상징적인 사진Man on the Moon-Neil Armstrong's Iconic Photograph」(https://www.amateurphotographer.co.uk/iconic-images/moon-iconic-photograph-neil-armstrong-18051).
3 루카스 레일리Lucas Reilly, 《*Mental Floss*》(2017년 2월 6일), 「달을 몹시도 싫어하는 아폴로 우주비행사The Apollo Astronaut Who Was Allergic to the Moon」(https://www.mentalfloss.com/article/91628/apollo-astronaut-who-was-allergic-moon).
4 네빌 애그뉴Nevile Agnew와 마사 데마스Martha Demas, 「라에톨리 발자국The Footprints at Laetoli」(http://www.getty.edu/conservation/publications_resources/newsletters/10_1/laetoli.html).

제3부 육지 이야기

11. 자연의 알파벳

1 『파인먼의 물리학 강의 2 *The Feynman Lectures on Physics, Vol. II*』.

2 이 무렵에는 원자는 훨씬 작은 구성 성분들(더는 나눌 수 없는 입자인 전자와 쿼크로 이루어진 양성자와 중성자)로 이루어져 있음을 알게 된다. 그러나 원자가 자연의 기본 레고블록이라는 기본 생각은 진실로 남았다.

13. 소행성 충돌

1 소행성은 태양 주위를 도는 작은 암석 천체이다. 소행성은 많은 수가 화성 궤도와 목성 궤도 사이에 존재한다. 지름이 946킬로미터인 가장 큰 소행성 세레스는 1801년 1월 1일에 발견했다. 소행성끼리 충돌하거나 목성의 강력한 중력이 작용하면 소행성은 '소행성대'를 벗어날 수 있다. 이렇게 벗어난 소행성의 궤도가 지구 궤도와 가깝다면 지구에 심각한 위협을 가할 수 있다.

2 엘리자베스 하월Elizabeth Howell, 《*Space.com*》(2016년 8월 2일), 「첼랴빈스크 운석: 지구를 위한 경보음Chelyabinsk Meteor: Wake-Up Call for Earth」(https://www.space.com/33623-chelyabinsk-meteor-wake-up-call-for-earth.html).

3 루이스 앨버레즈, 《*Science*》(1980년 6월 6일), 208호, 1095쪽, 「백악기 제3기 대멸종 외계 원인설Extraterrestrial Cause for the Cretaceous-Tertiary Extinction」(https://www.science.org/doi/10.1126/science.208.4448.1095).

4 시드 퍼킨스Sid Perkins, 《*Science*》(2013년 6월 24일), 「공룡이 멸망했을 때 몇몇 종은 번성한 이유Why Some Species Thrived When Dinos Died」(https://www.science.org/content/article/why-some-species-thrived-when-dinos-died).

5 쿠니오 카이호와 나가 오시마, 《*Nature Scientific Reports*》(2017년 11월 9일), 7호, 14844권, 「소행성 충돌 지점은 지구 생명체의 역사를 바꿨다: 대량 멸종의 낮은 가능성Site of Astroid Impact Changed the History of Life on Earth: the Low probability of Mass Extinction」(https://www.nature.com/articles/s41598-017-14199-x).

14. 햇빛의 비밀

1 실제로, 화석 연료를 태우면 나오는 부산물인 이산화탄소 기체가 온실가스로 작용해 대기에 소량의 열이 쌓이면, 지구의 온도는 서서히 높아진다.

2 절대온도 0도(°K)는 이 세상에 존재할 수 있는 가장 낮은 기온이다. 물체는 온도가 내려갈수록 물체를 이루는 원자들의 움직임이 점점 느려진다. 절대온도 0도(섭씨 -273.15도)에서는 원자의 움직임이 완전히 멈춘다(그런데 이 말은 완벽한 사실은 아니다. 하이젠베르크의 불확정성 원리에 따르면 절대온도 0도에서도 소립자들의 양자 떨림은 있다).

3 피터 앳킨스, 『*Four Laws that Drive the Universe*』(2007년, Oxford University Press).

제4부 태양계 이야기

16. 킬러 태양

1 사라 로츠Sarah Lotz, 『*The Three*』(2015년, Hodder).

2 태양 플레어는 지구의 자기장 방패를 흩트려서, 태양 입자가 극지방 같은 좁은 지역에만 도달하는 것이 아니라 지표면 어디에나 닿을 수 있게 한다. 지구 대기 원자가 태양 입자와 충돌하면 빛이 나면서 오로라가 발생한다.

3 스튜어트 클라크Stuart Clark, 『*The Sun Kings: The Unexpected Tragedy of Richard Carrington and the Tale of How Modern Astronomy Began*』(2009년, Princeton University Press).

4 애덤 해디지Adam Hadhazy, 《*Scientific American*》(2009년 3월 13일), 「무시무시한 13일: 20년 전, 거대한 태양 플라스마 폭발로 폭발한 지구A Scary 13th: Earth Was Blasted with a Massive Plume of Solar Plasma」(https://www.scientificamerican.com/article/geomagnetic-storm-march-13-1989-extreme-space-weather/).

17. 다른 날들의 빛

1 태양 안에서 자유 전자와 충돌해 광자가 굴절되거나 흩어질 때마다 광자는 에너지를 잃는다. 그 때문에 태양 중심에서 핵반응으로 생성된 광자는 고에너지 감마선 광자이지만, 태양의 표면(광구)에 도달한 광자는 저에너지 가시광선 광자이다(광자가 잃은 에너지 덕분에 태양은 계속 뜨거운 상태를 유지할 수 있다). 따라서, 엄밀하게 말하면, 태양 빛이 태양을 빠져나오는 데는 3만 년이 걸리지만, 그 빛은 수 세기 전에 여행을 시작했던 광자들과는 다른 광자들로 이루어져 있다.

18. 떨어짐에 관한 짧은 역사

1 더글러스 애덤스, 『은하수를 여행하는 히치하이커를 위한 안내서*Hitchhike's Guide to the Galaxy*』 시리즈 3권 『삶, 우주 그리고 모든 것*Life, the Universe and Everything*』(2002년, Picador).

2 실제로 달은 타원 궤도로 지구 주위를 돌고 있지만, 상당한 근사치로 원 궤도를 돌고 있다고 가정할 수 있다.

3 이 같은 사실이 아인슈타인이 1915년에 중력 이론(일반 상대성 이론)을 생각해낼 수 있는 핵심적인 영감을 주었다.

4 마커스 초운, 『중력에 관한 거의 모든 것*The Ascent of Gravity*』(2022년, 현암사)
5 『프린키피아』의 원제목은 『자연철학의 수학적 원리*Philosophiæ Naturalis Principia Mathematica*』로, 1687년 7월 5일에 두 권으로 출간됐다.

19. 지구를 스토킹한 행성

1 라그랑주점은 태양-지구계에서 물체에 작용하는 중력과 원심력이 균형을 이루기 때문에 이론상으로는 물체가 영원히 멈춰 있을 수 있는 다섯 지점을 가리키는 용어이다.
2 12장 「암석 스펀지」 참고.
3 아이작 아시모프, 『*The Tragedy of the Moon*』(1984년, Dell).

20. 제발 나를 쥐어짜 줘!

1 12장 「암석 스펀지」 참고.

21. 환상적인 육각형

1 바르보사 아기아르Barbosa Aguiar, 《*Icarus*》(2010년), 206호, 755쪽, 「토성의 북극 육각형 태풍의 실험실 모형A Laboratory Model of Saturn's North-Polar Hexagon」.
2 라울 모랄레스-후베리아스Raul Morales-Juberias 외, 《*Astro-physical Journal Letters*》(2015년 6월 10일), 806호, 1권, 「토성의 북극 육각형 태풍의 모형으로서의 마구 흔들리는 얕은 대기 제트 기류Meandering Shallow Atmospheric Jet as a Model of Saturn's North-Polar Hexagon」.

22. 보이지 않는 것들의 지도

1 사실, 허셜은 그 행성에 '조지의 별'이라는 이름을 붙였다.

2 영국의 존 코치 애덤스John Couch Adams도 독자적으로 해왕성의 존재를 예측했다. 애덤스와 르 베리에는 만나자마자 절친한 친구가 되었고, 지금은 두 사람 모두 해왕성을 발견한 사람으로 인정받고 있다.

3 토머스 레벤슨Thomas Levenson, 『*The Hunt For Vulcan: How Albert Einstein Destroyed a Planet and Deciphered the Universe*』(2016년, Head of Zeus) 참고.

23. 고리의 제왕

1 프레이저 카인Fraser Cain, 〈Universe Today〉(2004년 11월 10일), 「토성 고리의 밀도파Density waves in Saturn's rings」(https://www.universetoday.com/10034/density-waves-in-saturns-rings/).

24. 스타게이트 위성

1 아서 C. 클라크의 『2001 스페이스 오디세이*2001 A Space Odyssey*』에서 데이브 보먼이 모노리스로 들어가면서 마지막으로 한 말.

2 파울루 프레이리Paulo Freire 《*Geophysical Research Letters*》 33호, L16203쪽, 「이아페투스의 미스터리 풀기Solving the Mystery of Iapetus」'(https://arxiv.org/pdf/astro-ph/0504653.pdf).

3 앤드루 봄바드Andrew Bombard 외, 《*Journal of Geophysical Research-Planets*》(2012년 3월), 117호, E3부, 「대충돌로 형성된 손자위성에 의한 이아페투스의 적도 능선 형성 지연Delayed Formation of the Equatorial Ridge on Iapetus from a Subsatellite Created in a Giant Impact」.

4 리처드 커Richard Kerr, 《*Science*》(2006년 6월 6일), 「토성의 얼음 위

성들은 어떻게 생명 형성이 가능한 (지질학적) 조건을 갖추게 되었을까?How Saturn's Icy Moons Get a (Geologic) Life」.

제5부 본질 이야기

25. 손바닥 안의 무한

1 톰 스토파드Tom Stoppard, 『*Hapgood*』(1988년).

2 실제로, 입자와 관계가 있는 양자 파동은 아주 기이한 종류의 파동이다. 양자 파동은 공간을 가득 메운 것으로 상상하는 추상적이고도 수학적인 실체이다. 파동이 큰 곳에서는—정확하게 말하면 진폭이 큰 곳에서는—입자를 찾을 가능성(확률)이 높고, 파동이 작은 곳에서는 입자를 찾을 가능성(확률)이 낮다.

3 그 이유는 에너지가 낮고 질량이 작은 전자 같은 입자의 양자 파동은 에너지가 낮기 때문이다. 호수 표면에서 이는 저에너지 파동을 생각해보자. 느리게 움직이는 저에너지 파동의 고유 크기(연속한 두 마루 사이의 거리)는 크다.

4 실제로 양자 이론은 예상치 못한 반전을 제공했다. 텅 빈 공간이 사실은 완전히 빈 공간이 아니라는 것이다. 텅 빈 공간은 사실 '양자장의 영점 진동' 때문에 격렬하게 진동하는 바다와 같다. 하지만 여기서 할 이야기는 아니다!

5 이 같은 사실은 1998년이 되기 전까지는 과학의 역사에서 예측과 관측이 가장 크게 차이가 나는 사례였다. 1998년에 과학자들은 우주를 가득 메운 채, 우주의 팽창 속도를 증가시키는 반중력 힘인 암흑 에너지를 발견했다. 양자 이론이 예측한 진공의 에너지(암흑 에너지)는 관측 결과보다 1에 0을 120개나 써야 할 만큼 더 컸다. 이는 현재의 물리학 이론이 부정확하다는 사실을 강력하게 암시한다!

26. 단층집에서 살아야 하는 이유

1 1905년에 발표한 아인슈타인의 특수 상대성 이론에 따르면 다른 사람보다 상대적으로 더 많이 움직이는 사람의 시간은 천천히 흐른다. 지구는 자전하기 때문에 건물의 꼭대기 층은 건물의 바닥층보다 빠르게 움직이기 때문에, 시간을 천천히 흐르게 하는 중력 효과를 상쇄할 수 있다. 그러나 지구의 자전 때문에 상쇄되는 양은 상당히 적어서 아래층보다 1층에서 더 빨리 노화된다는 결론은 변함없이 성립한다.

2 제임스 친 웬 추James Chin-Wen Chou, 《*Science*》(2010년 9월 24일), 329호, 1630쪽, 「광학 시계와 상대성Optical Clocks and Relativity」.

3 데이비드 버먼David Berman, 《*Plus Magazine*》(2007년 12월 1일), 〈끈 이론: 뉴턴부터 아인슈타인까지, 그리고 그 너머String Theory: From Newton to Einstein and Beyond〉(https://plus.maths.org/content/string-theory-newton-einstein-and-beyond).

27. 믿기 힘들 정도로 강렬하게 폭발하는 모기

1 『파인먼의 물리학 강의 2 *The Feynman Lectures on Physics, Vol. II*』.

2 더욱 정확하게 말하면, 수소 원자를 이루는 양성자와 전자 사이에 작용하는 전자기력은 두 입자 사이에 작용하는 중력보다 10^{40}배 세다. 자연에 존재하는 가장 가벼운 원자인 수소는 원자핵 속에 들어 있는 양성자 한 개와 원자핵 주위를 도는 전자 한 개로 이루어져 있다.

28. 알 수 없음

1 진정한 세계 최초 다목적 컴퓨터는 1837년 영국 공학자 찰스 배비지Charles Babbage가 만들었다. 그러나 그의 분석 기계analytical engine

는 기계식 톱니와 바퀴로 이루어진 복잡한 형태를 구현할 수 있는 기술과 비용이 부족했기 때문에, 배비지 생전에는 만들어질 수 없었다. 배비지는 시인 바이런 경의 딸이자 러브레이스 백작 부인이었던 어거스터 에이다 킹Augusta Ada King과 함께 컴퓨터를 개발했다. 에이다는 최초의 '컴퓨터 프로그래머'로 인정받는 사람으로, 그 공로를 인정받아 컴퓨터 언어 에이다에 이름을 남겼다.

2 계산할 수 없음에 관해서는 마커스 초운의 『네버엔딩 유니버스*The Never-Ending Days of Being Dead*』(영림카디널, 2008년) 6장 「신의 숫자」를 참고하라.

29. 설상가상

1 더 정확하게 말하면 공간의 특정 장소에서 입자를 찾을 확률(0퍼센트를 의미하는 0과 100퍼센트를 의미하는 1 사이에 있는 수)은 그 장소에서의 양자 파동의 높이를 제곱한 값이다(실제로 파동의 진폭은 복소수이지만, 그건 또 다른 이야기이다!).

2 언제나 부딪친 볼링공들이 반대 방향으로 날아갈 수 있도록 관점—기준점—을 바꿀 수 있다.

30. 이상한 액체

1 절대온도는 자연에 존재할 수 있는 가장 낮은 온도이다. 섭씨온도로는 -273.15°C, 켈빈온도로는 0°K이다.

2 29장 「설상가상」 참고.

32. 누가 저걸 주문했어?

1 아서 C. 클라크, 『라마와의 랑데부*Rendezvous with Rama*』(2017년, 아작).

2 17장 「다른 날들의 빛」 참고.

3 에너지 보존의 법칙에 따르면 에너지는 새로 만들어지지도 없어지지도 않는다. 오직 다른 에너지로 전환될 뿐이다. 1905년에 아인슈타인은 질량도 그저 에너지의 한 형태일 뿐임을 보여주었다. 쿼크 탄성(정확히 말하면 글루온 장)의 에너지는 새로운 쿼크의 질량-에너지로 전환될 수 있다.

4 39장 「육신을 만든 우주 먼지」 참고.

5 이 중성미자들이 '비활성 중성미자sterile neutrino'라면 중성미자는 더 많은 세대가 있을 수 있다. 평범한 중성미자는 다른 물질과 반응하지 않지만, 아주 가끔은 자연의 약한 핵력 때문에 평범한 물질과 상호작용한다. 그러나 비활성 중성미자는 그런 식으로도 반응하지 않는다. 비활성 중성미자는 오직 중력을 통해서만 평범한 물질과 반응하기 때문에, 비활성 중성미자를 직접 감지하는 것은 거의 불가능하다.

33. 근사한 것은 끈이다.

1 동-서, 남-북, 위-아래. 이것이 공간의 세 차원이다. 거기에 과거-미래라는 시간 차원이 더해진다. 반전은 1905년에 특수 상대성 이론을 발표하면서 아인슈타인이 시간과 공간은 사실 빛의 속도에 가까운 속도로 이동하는 관찰자만이 분명하게 구별할 수 있는 한 가지 존재의 다른 측면임을 밝혔다는 것이다. 이 같은 사실을 받아들인 물리학자들은 이음새 없이 매끈한 시간과 공간 차원의 합성물인 시공간이라는 용어를 사용한다.

2 자연의 기본 힘을 생성하는 교환 입자는 우리에게 친숙한 입자들과는 상당히 다르다. 이 입자들은 가상 입자라고 알려져 있다. 리처드 파인먼, 『*QED: The Strange Theory of Light and Matter*』(1990년, Penguin) 참고.

34. 현재라는 시간은 없다.

1 1955년, 아인슈타인이 오랜 친구였던 미켈레 베소Michele Besso의 유족에게 보낸 편지.

2 알베르트 아인슈타인, 《물리학 연보*Annalen der Physick*》(1905년), 17호, 891~921쪽, 「움직이는 물체의 전기 역학에 관하여On the electrodynamics of moving bodies」.

35. 타임머신 만드는 법

1 26장 「단층집에서 살아야 하는 이유」 참고.

2 블랙홀은 중력이 아주 강해서 아무것도(심지어 빛조차도) 빠져나갈 수 없어 시커멓게 보이는 공간의 영역이다.

제6부 외계 이야기

36. 대양 세계

1 아서 C. 클라크, 『2010 오디세이 2 *2010 Odyssey Two*』(2000년, HarperCollins).

2 20장 「제발 나를 쥐어짜 줘!」 참고.

3 크리스티나 루이기Cristina Luiggi, 《*The Scientist*》(2012년 9월 1일), 「해저 생명체, 1977년Life on the Ocean Floor, 1977」(https://www.the-scientist.com/?articles.view/articleNo/32523/title/Life-on-the-Ocean-Floor--1977/).

4 애슐리 이거Ashley Yeager, 〈Nature.com〉(2008년 11월 26일), 「초음속 물줄기를 발사하는 엔셀라두스Enceladus Shoots Supersonic Jets of Water」(https://www.nature.com/articles/news.2008.1254.html).

37. 외계인의 쓰레기장

1 A. V. 아르키포프A. V. Arkhipov, 《*The Observatory*》(1996년), 116호, 175쪽, 「지구에서 외계 인공물을 찾을 가능성에 관하여On the Possibility of Extraterrestrial Artefact Finds on the Earth」.

38. 행성 밀항자

1 내부의 열 손실로 화성 내부는 굳어졌다. 지구처럼 대규모 행성 자기장을 형성하려면 내부에서 녹은 물질이 순환하면서 행성 전체에 영향을 미치는 전류를 흐르게 해야 한다. 화성의 내부는 단단하게 굳었기 때문에 귀중한 자기장 방패도 사라졌다.

39. 육신을 만든 우주 먼지

1 월트 휘트먼Walt Whitman, 「나 자신의 노래Song of Myself」.

2 강력이라고도 부르는 강한 핵력은 작용 범위가 너무 작아서 물리학자들이 원자핵을 탐사하기 시작한 20세기에 와서야 발견할 수 있었다.

3 철을 생성하는 핵반응은 궁극적으로는 빛의 형태로 항성에서 발산하는 에너지를 방출하는 것이 아니라 에너지 흡혈귀처럼 에너지를 빨아들인다. 이런 핵반응은 항성을 불안정하게 만든다. 철이 항성 내부에서 만들어지는 원자 가운데 가장 마지막에 생성되는 이유는 그 때문이다.

40. 연약한 푸른 점

1 칼 세이건이 한 유명한 표현이다. 『코스모스*Cosmos*』(2006년, 사이언스북스)에서 인용(https://www.youtube.com/watch?v=

Cm6NS6uDqt8).

제7부 우주 이야기

41. 어제가 없던 날

1 42장「유령 우주」 참고.

2 정확하게 말하면, 우주는 반드시 팽창하거나 수축해야 한다. 우리는 조금도 가만히 있지 못하는 '활동적인 우주'에서 살고 있다.

3 마커스 초운의 『*Afterglow of Creation*』(2010년, Faber), 존 보슬로우John Boslough와 존 매더의 『*The Very First Light*』(2008년, Basic Books) 참고.

42. 유령 우주

1 더글러스 애덤스, 『은하수를 여행하는 히치하이커를 위한 안내서*Hitchhike's Guide to the Galaxy*』(2009년, Pan, 한국어판은 2005년, 책세상).

2 47장「우주의 소리」 참고.

43. 어둠의 심연

1 애덤 만Adam Mann, 《*Science*》(2017년 10월 10일),「우주에서 사라진 원자들을 많이 발견했다고 말하는 천문학자들Astronomers Say They've Found Many of the Universe's Missing Atoms」(https://www.science.org/content/article/astronomers-say-they-ve-found-many-universe-s-missing-atoms).

2 로런스 슐먼Lawrence Schulman, 《*Physical Review Letters*》(1999년 12월 27일), 83호, 5419쪽,「시간의 반 열역학 화살표Opposite

Thermodynamic Arrows of Time」(https://arxiv.org/pdf/cond-mat/9911101.pdf).

3 스테이시 맥거프Stacy McGaugh, 〈arxiv〉(2004년 9월 29일), 「WMAP의 첫 해 관측 자료와 MOND 예측의 대립Confrontation of MOND Predictions with WMAP First Year Data」(https://arxiv.org/abs/astro-ph/0312570v4).

44. 탄생의 잔광

1 『*The Sentinel*』은 스탠리 큐브릭 감독과 아서 C. 클라크의 영화 〈2001 스페이스 오디세이〉의 바탕이 된 1948년도 작품이다.

2 실제로, 빅뱅의 잔열은 원래 전파(파장이 수 센티미터인 전자파)의 형태로 감지됐지만, 파장이 수 밀리미터였을 때 가장 강렬하다. 빛의 파장(정확히 말하면 전자기 복사)은 파동의 연속하는 두 마루 사이의 거리를 뜻한다.

3 온도란 미시 세계의 운동을 측정하는 방법이다. 물체가 식으면, 물체를 구성하는 원자들의 움직임은 느려지고, 어느 온도가 되면 완전히 멈춘다. 원자의 운동이 멈추는 온도, 즉 가능한 가장 낮은 온도를 절대 영도라고 한다.

4 벨 연구소는 미국 전역에 여러 지점을 두고 있으며, 백만 명 이상이 근무하는 대기업 AT&T 통신 회사의 연구소이다.

45. 우주의 수수께끼

1 광년은 빛이 초속 29만 9792킬로미터의 속력으로 1년 동안 진공 속을 이동한 거리이다. 약 9.5조 킬로미터쯤 된다.

2 칼렙 샤프, 『*Gravity's Engine: How Bubble-Blowing Black Holes Rule Galaxies, Stars, and Life in the Cosmon*』(2012년, Scientific American Books).

46. 뒤집힌 중력

1 정확히 말하면, 에너지-운동량은 4벡터라고 알려져 있다.

2 실제로 아인슈타인의 중력 이론에서 중력원은 '에너지 밀도 + 3 X 압력'이다.

47. 우주의 소리

1 아무리 큰 수소 폭탄이 폭발한다고 해도 핵 불덩어리의 형태의 열로 바뀌는 질량은 1킬로그램 정도에 불과하다.

2 지구에서 처음으로 중력파를 감지한 뒤, 모두 다섯 번에 걸쳐 중력파 사건을 감지했다. 네 번은 블랙홀의 합병으로 발생한 중력파였고, 한 번은 극도로 조밀한 중성자별이 합쳐지면서 생성된 중력파였다. 중성자별 병합으로 생긴 중력파는 2017년 8월 17일에 관측한 것으로, 이 중력파는 특히 중요한데, 그 이유는 중력파 외에 빛도 다량 방출해 전 세계에서 망원경으로 관찰할 수 있었기 때문이다. 빛을 분석한 과학자들은 중성자별의 합병으로 적어도 지구 질량의 10배는 되는 금이 만들어졌음을 알았다. 아주 오랫동안 과학자들은 금이 어떻게 만들어졌는지를 알지 못했다. 하지만, 마침내, 금의 생성 비밀을 알아냈다.

3 안타깝게도 스코틀랜드 사람인 로널드 드리버Ronald Drever는 노벨상을 받지 못했다. 나는 MIT와 함께 라이고 제작을 공동 책임지고 있던 캘리포니아 공과대학교에서 물리학과 대학원생 신분으로 드리버의 강연을 들은 적이 있다. 프로토타입을 건설했을 때 드리버를 찾아가 이야기를 나누었던 기억이 난다. 그는 슈퍼마켓 쇼핑 봉지에 서류를 넣어 들고 다녔고, PHP 용지에 끈적한 지문과 차 자국을 잔뜩 묻혀 놓기 일쑤였다. 라이고의 핵심 인물이었던 드리버는 실험 천재였다(실제로 드리버 가족은 1953년 엘리자베스 2세 여왕의 대관식을 드리버가 처음부터 끝까지 직접 만든 텔레비

전으로 보았다). 프로젝트 공동 책임자 역할에는 영 소질이 없었던 드리버는 안타깝게도 1995년에 해고됐다. 패서디나에 살았던 그에게는 아내가 없었고, 친구도 별로 없었다. 드리버가 치매에 걸려 고생하자 캘리포니아 공과대학교의 동료였던 피터 골드라이히Peter Goldreich가 드리버를 뉴욕 JFK 공항으로 데려가 비행기를 태워 드리버의 동생이 있는 글래스고로 보냈다. 스코틀랜드로 돌아간 드리버는 요양 병원에서 지냈다. 그는 2017년 3월 7일에 세상을 떠났다. 그로부터 7개월 뒤, 노벨상 위원회는 중력파를 발견한 사람들에게 노벨상을 수상하기로 결정했다.

49. 신용카드 우주

1 더글러스 애덤스, 『우주의 끝에 있는 레스토랑*The Restaurant at the End of the Universe*』(2009년 Pan).

2 아원자 입자들은 모두 전하와 같은 입자의 특성들이 정반대인 반입자가 있다. 예를 들어 음의 전하를 띠는 전자에게는 양의 전하를 띠는 양전자가 있다. 진공 속에서 입자가 생성될 때는 언제나 반입자와 함께 생성된다. 입자와 반입자가 만나면 고에너지 광선(감마선)을 방출하면서 소멸된다.

3 그 이유는 물리학의 법칙이 현재의 관점에서 미래를 기술하기 때문이다. 예를 들어 달의 내일 위치는 달의 오늘 위치에 뉴턴의 중력 법칙을 적용해 알아낼 수 있다. 과거는 미래에 포함되어 있다. 정보는 사라지지 않는다.

4 후안 말다세나Juan Maldacena, 《*Advances in Theoretical and Mathematical Physics*》(1998년), 2호, 231쪽, 「초등각장론과 초중력의 큰 N 극한The Large N Limit of Superconformal Field Theories and Supergravity」(https://arxiv.org/pdf/hep-th/9711200.pdf).

50. 옆집 우주

1 더글러스 애덤스, 『은하수를 여행하는 히치하이커를 위한 안내서*Hitchhike's Guide to the Galaxy*』(2016년, Pan).

2 41장 「어제가 없던 날」 참고.

3 빛보다 빠르게 움직일 수 있는 물체는—심지어 빛의 속도로 움직일 수 있는 물체는—이 세상에 존재하지 않지만, 1915년, 아인슈타인은 일반 상대성 원리로 공간은 원하는 속도로 팽창할 수 있음을 보여주었다.

4 우주를 존재하게 하고, 잠시 뒤에 인플레이션이 일어나기 전까지의 빅뱅을 다이너마이트에 비유한다면, 그 뒤로 일어난 인플레이션은 수소 폭탄이 폭발한 것에 비유할 수 있다. 인플레이션은 양자 진동 때문에 일어났다고 여겨진다. 현재 이 세계에 존재하는 진공과 달리 초기 우주의 진공은 반중력이라는 독특한 특징을 지닌 고에너지 진공이었다. 인플레이션은 우리 우주가 가지고 있던 수수께끼 같은 모습 몇 가지를 훌륭하게 설명했지만, 인플레이션 이론을 뒷받침하는 미시 물리학을 우리는 아직 제대로 이해하지 못하고 있다.

사진 출처

31쪽 1989년, Pad 39A 발사대를 출발한 STS-1은 우주비행사 존 영John Young과 로버트 크리펜Robert Crippen을 태우고 지구 궤도를 도는 임무에 착수했다. (NASA)

63쪽 아폴로 11호 사령관 닐 암스트롱이 달착륙선 장비실에서 작업하고 있다. (NASA)

118쪽 이오의 로키 화산에서 솟구치는 불기둥. (JPL/ NASA)

123쪽 토성의 북극 육각형 태풍. (NASA/ JPL-칼텍/ 우주과학연구소)

136쪽 카시니호의 영상으로 만든 단편 컴퓨터 애니메이션 영화의 한 장면. (NASA/ JPL-칼텍/ 우주과학연구소)

208쪽 갈릴레오호가 1995년부터 1998년까지 보내온 컬러 영상 자료를 토대로 얼음이 갈라진 에우로파의 표면 모습을 구현할 수 있었다. (갈릴레오 프로젝트, 애리조나 대학교, JPL, NASA)

211쪽 토성의 위성 엔셀라두스의 불기둥 사이를 뚫고 이동하는 NASA의 카시니 우주선. (NASA/ JPL-칼텍)

230쪽 희미한 파란 점으로 보이는 지구. 보이저 1호 촬영. (NASA JP)

찾아보기

ㅎ